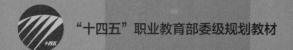"十四五"职业教育部委级规划教材

成衣立体裁剪

汤瑞昌◎编著

U0241500

中国纺织出版社有限公司

内 容 提 要

本书为"十四五"职业教育部委级规划教材。

本书内容按照企业岗位工作内容进行设置，包括半截裙、女衬衫、女西服、女大衣、连衣裙等不同品类的服装款式，通过立体裁剪的手法将服装的松量、造型余量在人台中呈现出来，注重对款式省量、褶量的把握，使服装在二维与三维立体空间相互转换。为适应职业教育新要求，在内容和形式上融入了精益求精工匠精神的课程思政，并采用新媒体、3D技术等手段。

本书既可作为服装专业院校师生的教材使用，也可供服装企业技术人员参考阅读。

图书在版编目（CIP）数据

成衣立体裁剪 / 汤瑞昌编著 . -- 北京：中国纺织出版社有限公司，2022.11（2025.5 重印）

"十四五"职业教育部委级规划教材

ISBN 978-7-5180-9900-9

Ⅰ. ①成… Ⅱ. ①汤… Ⅲ. ①立体裁剪－职业教育－教材 Ⅳ. ① TS941.631

中国版本图书馆 CIP 数据核字（2022）第 182409 号

责任编辑：郭 沫 责任校对：高 涵 责任印制：王艳丽

中国纺织出版社有限公司出版发行

地址：北京市朝阳区百子湾东里 A407 号楼 邮政编码：100124

销售电话：010—67004422 传真：010—87155801

http://www.c-textilep.com

中国纺织出版社天猫旗舰店

官方微博 http://weibo.com/2119887771

三河市宏盛印务有限公司印刷 各地新华书店经销

2022 年 11 月第 1 版 2025 年 5 月第 2 次印刷

开本：787×1092 1/16 印张：13

字数：185 千字 定价：49.80 元

前 言
PREFACE

　　根据2019年2月国务院关于印发《国家职业教育改革实施方案》国发〔2019〕4号和2022年4月表决通过新修订的职业教育法——《中华人民共和国职业教育法》的相关要求，教育部提出落实好立德树人根本任务，健全德技并修、工学结合的育人机制，坚持知行合一，健全专业教学资源库，扩大优质资源覆盖面，及时将新技术、新工艺、新规范纳入教学标准和教学内容，倡导使用新型活页式、工作手册式教材、一体化教材并配套开发信息化资源，依据政策提出专业教材随信息技术发展和产业升级情况应及时动态更新。成衣立体裁剪课程为职业院校服装设计与工艺专业必修、核心专业课程，同时也是一门理实一体化课程。教材内容设置上打破学科体系、知识本位的束缚，加强与企业工作岗位生产生活的联系，突出立体裁剪技术的应用性与实践性，关注新技术。例如，3D虚拟、数字化仪读图的发展带来的学习内容与方式的变化，配套数字化教学资源，形成"纸质教材＋多媒体平台"的新形态一体化教材体系，并且通过在线开放课程为代表的数字课程，满足"互联网＋职业教育"的新需求。

　　本书是基于企业岗位工作的理实一体化要求编写的，围绕精益求精工匠精神的课程思政建设，按服装产品品类不同进行分类，从容易到复杂进行递进式教授，融入现代教学手段的信息化，配套数字化在线开放教学资源，满足不同生源的需求。教材共八章，前四章是基础部分，后四章侧重于款式应用技术。第一章、第二章主要对立体裁剪的概念、立体裁剪所需要的工具和设备、立体裁剪的手法、立体裁剪面料的整理以及立体裁剪手臂制作进行讲解；第三章、第四章主要讲解服装基本型，包括直筒裙原型、新文化式原型的立体裁剪及其运用；后四章从不同的服装款式，讲解女衬衫、女西服、女大衣、连衣裙的立体裁剪，并将服装的立体裁剪技术、制板技术融入款式立体裁剪中进行讲解，对于服装初学者以及有一定基础的学生会有很大的帮助。

本教材从2020年开始，历时两年时间编写完成，感谢所有为本书编写提供帮助的单位和个人：广东职业技术学院对本教材编写的大力支持；左衽中国、浙江浅秋针织服饰有限公司等知名企业为我们的理论与实践提供平台；感谢吴基作老师在学术上和工作上提供的帮助，彭鑫老师为本教材提供的款式效果图。

由于篇幅有限，本书未能讲解更多的服装款式。同时，编著者才疏学浅，难免在某种程度上表述得不够严谨与细腻，衷心期待读者批评指正，提出宝贵的意见和建议。

编著者
2022年6月

目 录
CONTENTS

第一章
成衣立体裁剪概述

立体裁剪简称"立裁",指用面料直接在人台上创造出作品,它是时装设计师、制板师必备的技能。

立体裁剪的起源可以追溯到远古的石器时代,从人类用兽皮和植物等围挂在身上,后来发展到古罗马和古希腊时期的披挂式长袍。大量的出土文物和艺术品中记载和展示了古代先人们沿用披挂、悬垂和绑缠的手法制作服装。欧洲人借鉴古罗马的着装方式,经过若干世纪的发展,直到5世纪,人们开始在布上剪出一个洞,穿过头部,套在身上,用绳子系腰间。到14世纪,由于这个时期的文化交流和交通日益频繁,中东和远东的文化对欧洲服饰文化的影响渐多,使欧洲服装开始有了更多的裁剪制作。

15世纪的意大利文艺复兴时期,服装开始注重人体的曲线与合体度,注意和谐的整体效果,在服装上表现为三维造型意识萌芽。自文艺复兴之后,立体裁剪技术有了很大的发展。16世纪的巴洛克时期,女性十分注重服装的外型和装饰,高胸、束腰、蓬大裙身等立体造型兴起。16世纪末到17世纪初,立体裁剪传入美国。17世纪,服装造型和服装面料日益考究,蕾丝和织金等工艺广为应用。到了18世纪,洛可可服装风格确立,强调三围差别,注重立体效果的服装造型。

18世纪末到19世纪初,服装流行逆流而上,返璞归真,重走简洁路线。19世纪末,遇到了工业大革命,服装制造产业有了很大的变革,服装进入了批量式生产时代。而真正促使立体裁剪成为生产设计灵感手段的运用,是从20世纪20年代的法国裁缝大师玛德琳·维奥尼(Madeleine Vionnet)开始的(图1-1)。她在立裁传统手法的基础上,首创了斜裁法(Bias

图1-1

Cut），使服装的立体裁剪和表现手法进入一个崭新的领域，进而打破了裁剪上仅用直纱、横纱的局限，改写了服装史。玛德琳·维奥尼的立裁设计强调女性自然身体曲线，反对用紧身衣的填充手法雕塑女性身体轮廓的方式。克里斯汀·迪奥（Christian Dior）大师曾高度赞扬说："玛德琳·维奥尼发明了斜裁法，所以我称她是时装界的第一高手。"她至今仍影响着一代又一代时装设计师。20世纪中后期，立体裁剪传入日本。20世纪80年代初，由日本立裁专家（佐佐木住江），将日式的立体裁剪技术传入了中国。

立体裁剪学习，涉及训练眼睛去识别服装造型平衡、对称以及优美的线条；训练手在剪裁、别针及合并复杂曲线的灵巧性。当我们在立裁时，白坯布就是半成品，不断地对它进行改造，直到把它从人台上取下来，成为一件服装的纸样。对很多人来说，用立体裁剪而不是用平面纸样的方法来制作一件新款服装，更容易训练我们把二维平面图像转换成三维立体模型的空间思维能力。因为服装的轮廓在立体裁剪过程中就能看到，不像平面裁剪那样，要边做边猜想做出来的效果。

当我们做平面裁剪时，我们要到纸样画完、面料裁剪、缝制全部完成才能看到服装的三维效果。要成为熟练的平面制板师需要积累大量的经验。而立体裁剪则完全不同，它只需要一些基本技巧，每个人都能做，就像我们的祖先都可以做出简单的束腰上衣和长袍一样。

最后，设计师或制板师要想成功，就要找到自己对服装独有的表达风格，而服装立体裁剪技术能帮助设计师呈现个人的创意思维。

第二章
基础立体裁剪

第一节　立裁主要工具与设备

　　"工欲善其事，必先利其器"。立裁，不但要有艺术家的审美能力，工程师的理性思维，还需要拥有一套合适的工具。选择合适的材料有利于立裁作品的呈现，同样拥有一套好的工具，也将有利于提高你的立裁水平。图2-1为立裁部分工具与设备。

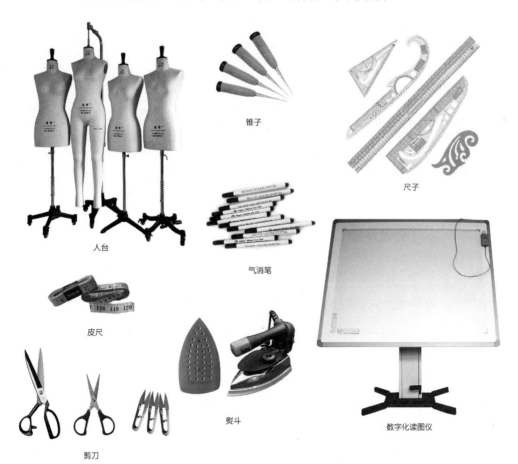

锥子

尺子

人台

气消笔

皮尺

剪刀

熨斗

数字化读图仪

图2-1

一、人台

人台按照用途分类，可分为展示人台和立裁人台；按照年龄和性别分类，可以分为成人男体人台、成人女体人台、儿童人台；按照人台体型可分为上半身人台、下半身人台、全身人台；按照比例大小也可以分为1：1人台和1：2人台；按照人台的尺寸还可以分为裸体人台和工业人台。立裁人台大多采用塑性泡沫材料或钢化材料，外层用布、棉包裹。塑性泡沫材料人台，插针方便，但人台稳定性不好，容易变形。而钢化材料人台只能用斜插针法，但人台稳定性好，耐用。

在立体裁剪时选择合适的人台很重要，本教材教学案例均采用160/84A建智品牌工业人台，人台比例、尺寸更符合中国女子体型，且人台稳定性好，耐用性强。

二、标记线

标记线有0.3cm宽和0.5cm宽两种，一般为有黏性纸质材料，有白色、蓝色、红色等颜色，用于在人台上做基准线、款式分割线与结构线的标记。

三、铅锤

用于确定人台前、后中心线的直纱方向。

四、珠针和针插

立裁珠针适合选用高硬度、钢材质、服装设计立体裁剪拼布专用大头针，一般可选用的规格有0.5mm直径、35mm长或0.6mm直径、35mm长两种；立裁操作时使用的珠针可插在针插上，便于随时取用。

五、锥子

锥子用于标记裁片的对位点及内部结构线。

六、尺子

打板尺：裁片平面整理结构线绘制时使用，适合使用5cm宽、60cm长的规格。

逗号尺：裁片平面整理袖山、袖窿、领窝等曲线部位结构线绘制时使用。

皮尺：用于测量所使用的白坯布数量，也可用于立裁过程中的尺寸测量。

直角尺：用于检查布纹丝绺是否垂直。

七、自动笔、气消笔及橡皮擦

用于在裁片上做标记。自动笔建议使用0.7mm粗的2B笔芯。

八、熨斗

用于整烫布料以及立裁裁片，常用蒸汽熨斗。

九、硫酸纸

用于拷贝、拓印立裁裁片上的结构线。

十、剪刀

布料裁剪用大剪刀；剪纸用小剪刀；剪线用线剪。大剪刀尺寸多选用9号或11号。

十一、手针、缝纫线及棉花

针线用于作假缝线来固定裁片，或者在裁片上做出更精确的记号；棉花用于制作手臂。

十二、立裁坯布

立裁坯布应使用中等重量，相对挺括，适用于大多数服装的纯棉白色平纹布；可以的话，尽量使用悬垂性接近成衣面料的材料来做立裁的坯布。

十三、数字化读图仪

用于读取立裁完成后的裁片结构图，便于后续工业生产样板的制作。表2-1为数字化读图仪功能键对照表。

表2-1 数字化读图仪功能键对照表

按键	功能	按键	功能
0	任意点	8	剪开线
1	直线/放码点	9	眼位
2	闭合/完成	A	直线/放码点
3	剪口点	B	扣位
4	弧线/非放码点线	C	撤销
5	尖褶	D	布纹线
6	打孔	E	放码
7	弧线/放码点	F	辅助线

第二节　立裁前期准备

一、标记线概述

　　人台的标记线是进行立裁和纸样展开时作为服装款式参考的基础线，立体裁剪操作时，坯布裁片标注的丝缕线要与这些基础线重叠，以此作为立体裁剪正确性的保障和依据。标记线的位置根据款式造型不同，也会有所变化。

二、常见人台各部位名称中英文对照

　　表2-2为人台各部位名称的中英文对照。

表2-2　人台各部位名称中英文对照表

序号	部位名称	英文对照	序号	部位名称	英文对照
1	颈围	Neckline	10	胸高点	Bust Point
2	肩高点	High Point Shoulder	11	腰围线	Waist Line
3	肩线	Shoulder Line	12	侧缝线	Side Line
4	袖隆/袖夹圈	Arm Hole	13	公主线	Princess Line
5	前中线	Center Front Line	14	刀背线	Knife Line
6	后中线	Center Back Line	15	臀围线	Hip Line
7	前胸宽	Across Front	16	中臀围	Middle Hip Line
8	后背宽	Across Back	17	乳间距	Point Width
9	胸围线	Bust Level	18	过肩	Across Shoulder

三、粘贴标记线的步骤

　　（1）前中线：从前领窝点开始吊铅锤，垂直向下，经过前腰节、前臀围至人台下沿（图2-2）。

　　（2）第七颈椎点：用宽度1cm的皮尺沿颈根部围一周，保证服帖，然后从皮尺下沿下降1~1.5cm作为第七颈椎点（图2-3）。

　　（3）后中线：从第七颈椎点开始吊铅锤，垂直向下，经过后腰节、后臀围至人台下沿（图2-4）。

图2-2

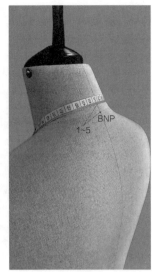

图2-3

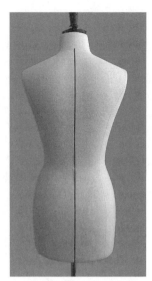

图2-4

（4）领围线：沿颈根部从第
七颈椎点，经侧颈点至前领窝点
围一周（图2-5）。

（5）胸围线：以已标记的胸
部最高点BP点为基准点，水平围
一周，为胸围线（图2-6）。

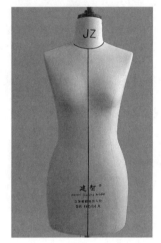

图2-5

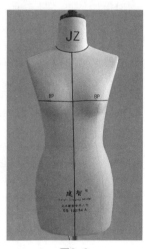

图2-6

（6）腰围线：以已标记的
腰部最细处为基准点，经前、后
腰节，水平围一周，为腰围线
（图2-7）。

（7）臀围线：沿前中线，从
腰围线垂直向下18~20cm确定
臀高点位置，水平围一周，为臀
围线（图2-8）。

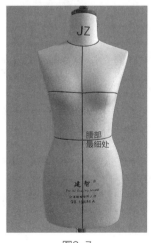

图2-7

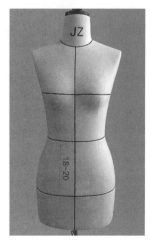

图2-8

（8）中臀围线：沿前中线，从前腰节垂直向下约9cm，在腹部最丰满处水平围一周，为中臀围线（图2-9）。

（9）胸宽线：沿胸围线向上8.5cm作水平线为胸宽线（图2-10）。

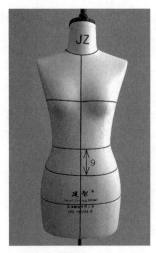
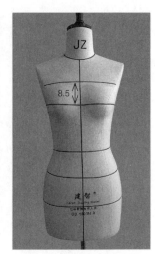

图2-9　　　　　　图2-10

（10）背宽线：从第七颈椎点沿后中线向下8.5cm，水平作背宽线（图2-11）。

（11）肩线：取颈根厚度1/2向后1cm为侧颈点，取臂根厚度1/2，同时量取肩宽38cm为肩点，连接侧颈点和肩端点为肩线（图2-12）。

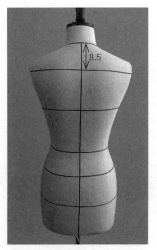
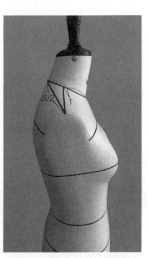

图2-11　　　　　　图2-12

（12）袖窿线：背宽线上量取18cm为后腋点，胸宽线上量取15.5cm为前腋点，取臂根厚度1/2为腋下点，从肩端点经过前腋点、腋下点、后腋点圆顺围一周为袖窿线（图2-13）。

（13）侧缝线：沿体侧从腋下点臂根厚度1/2处，过半腰围围度1/2，往后腰偏移1cm并垂直至人台下沿为侧缝线（图2-14）。

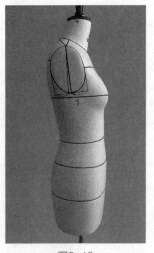
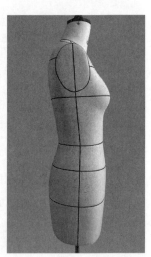

图2-13　　　　　　图2-14

（14）前公主线：从1/2肩线过BP点、1/2前腰围至1/2前臀围至人台下沿，为前公主线（图2-15）。

（15）后公主线：从1/2肩线过肩胛骨高点、1/2后腰围至1/2后臀围至人台下沿，为后公主线（图2-16）。

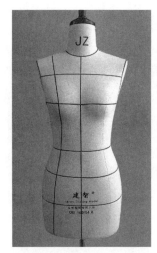
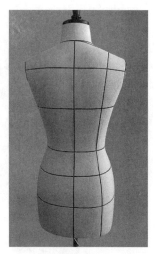

图2-15　　　　　　　　图2-16

（16）前刀背线：从前腋点经过BP点偏侧缝1.5~2cm，过1/2前腰围偏侧缝1cm至1/2前臀围偏侧缝1cm为前刀背线（图2-17）。

（17）后刀背线：从后腋点经过1/2后胸围偏侧缝2~3cm，过1/2后腰围偏侧缝1cm至1/2后臀围偏侧缝1cm为后刀背线（图2-18）。

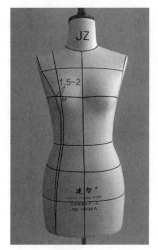
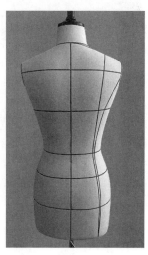

图2-17　　　　　　　　图2-18

（18）侧面整体效果如图2-19所示。

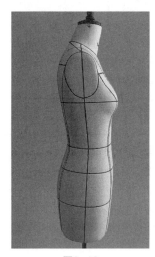

图2-19

第三节　坯布整理

　　立体裁剪坯布基本使用的是机织面料，而所有的机织面料都由两种纱线垂直相交织制而成。垂直方向的纱线，称为直纱或经纱，与布边平行。水平方向的纱线，称横纱或纬纱，与经纱垂直相交。机织过程中，首先要将经纱紧密地安装在织布机上，然后纬纱来回纵横交错地填补空隙。所以经纱一般会有比较强的韧性，面料在垂直悬挂时强度最大，同时经纱表现出悬垂、柔顺，而纬纱相对挺括。

一、撕扯白坯布

　　准备立裁用的坯布时，需要按照预定尺寸撕开。白坯布用撕扯的方式比用剪刀剪更精确，因为布料原本垂直的经纬纱在装运过程中会扭曲，即使从布边开始测量，也不可能保证纱线与布边完全平行，而用撕扯的方法，可保证布边的纱线是整根经纱或者纬纱。

二、了解布纹

　　布纹方向对服装外观的影响很大，布纹方向决定服装造型流动的方向。矩形剪裁的收腰外套之所以看起来优雅、大气，正是因为它完美的经纬平衡。如图2-20所示为布纹方向图。

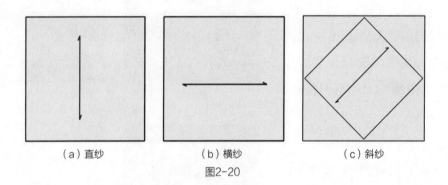

(a) 直纱　　　　　　　　(b) 横纱　　　　　　　　(c) 斜纱

图2-20

三、坯布整理

1.撕布

　　（1）首先要去除布边。当布在织布机上织造时，由于要防止布边卷边，布边都会织得更紧密些，但这样会限制布料的悬垂性。如果布料受到蒸汽或按压，布边的牵拉会引起布面起皱。

（2）贴近布边剪开1cm的小口，牢牢地抓住布边，把它从整匹布中干脆地撕下，如图2-21所示。

（3）标记需要用到的白坯布长度，沿布边剪开小口，从直丝和横丝两个方向撕开。

（4）最好先标记好布纹方向，这样就不会撕错方向。

2.矫正布纹方向

在撕好合适长度的布片后，需要矫正布纹方向，就是通过拉扯经纬纱，让它们回到原本形态，即刚好互相垂直状态，如图2-22所示。

（1）在方格纸上画一个格子，不需要画特定大小，其中一个直角，就足以对齐布料看它的布边是否垂直。

（2）如果布纹不是90°，通过拉扯的方式使它恢复原本形态。

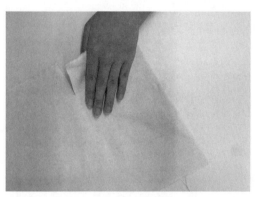
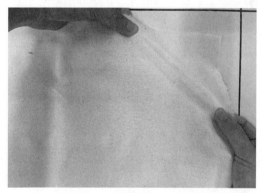

图2-21　　　　　　　　　　　　　　　　　图2-22

3.熨烫白坯布

当熨烫白坯布时，我们要轻柔地处理，让它保持光滑平整。可以采用蒸汽熨烫进行坯布预缩。但如果使用过量蒸汽，白坯布会起皱，就会影响使用。

（1）如果白坯布有些地方有较深的褶皱，用湿布把它沾湿抚平，再熨烫。

（2）熨烫时，只在垂直和水平两个方向移动熨斗。如果对角或斜向方向熨烫，会把纱线烫歪，引起布的拉伸（图2-23）。

（3）熨烫后，再用方格纸检查白坯布布纹是否扭曲。如果是，继续抻拉直至它的角恢复直角。

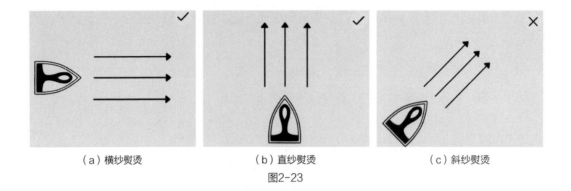

（a）横纱熨烫　　　　　　　　（b）直纱熨烫　　　　　　　　（c）斜纱熨烫

图2-23

4.标记基础结构线

　　将准备好的白坯布用软铅笔或画粉标记直丝，它是与布边平行的。标记横丝，它横跨布的幅宽，如图2-24所示。

　　（1）根据提供的尺寸，从左手边开始，在白坯布上做两到三个小标记。

　　（2）用放码尺或米尺把这些标记连起来，画出需要的线条：包括前中线、后中线、胸围线、腰围线、臀围线等。

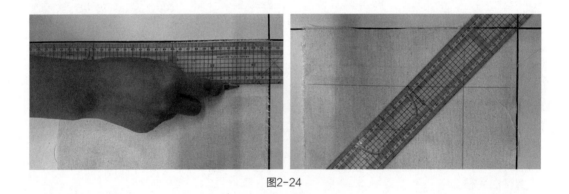

图2-24

四、基本针法

　　立体裁剪的针法主要有五种，包括直插针法、交叉针法、叠别针法、折别针法、藏针法，如图2-25所示。

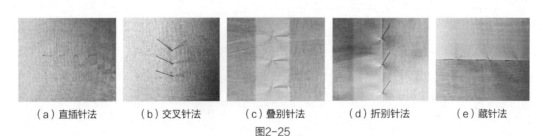

（a）直插针法　　　（b）交叉针法　　　（c）叠别针法　　　（d）折别针法　　　（e）藏针法

图2-25

第四节   手工立裁手臂

一、手臂纸样制图

制作手臂的目的是便于袖子部分的立体造型，通常是制作人台右手臂。所需的材料包括：白坯布、棉花、手缝针、缝纫线、唛架纸等，具体手臂纸样制图如图2-26所示。

◎ 号型规格：160/84A

◎ 袖　　长：58cm

◎ 袖　　肥：26.5cm

◎ 袖山高：14cm

◎ 袖　　口：15.5cm

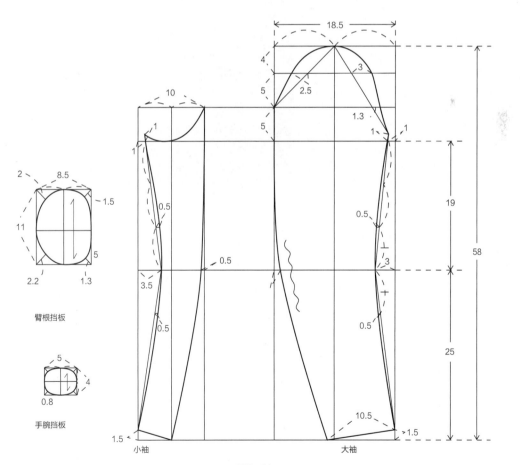

臂根挡板

手腕挡板

小袖　　　　大袖

图2-26

二、手臂制作步骤

（1）在袖子裁片上分别将大小袖片的袖中线、袖肥线以及袖肘线进行抽纱，并用黑色单线沿抽纱位置平缝针距为0.5cm的明线（图2-27）。

图2-27

（2）将大袖、小袖纸样在袖山、袖口处做圆顺处理（图2-28）。

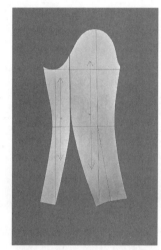

图2-28

（3）将袖子纸样的袖中线、袖肥线、袖肘线对准袖子裁片相应的基准线，在裁片上将袖子纸样复制出来，并加放缝份（图2-29）。

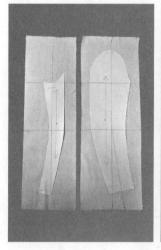
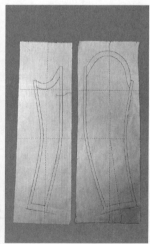

图2-29

（4）将大袖、小袖的基准线对位，缝合内侧缝，同时沿内侧缝在反面劈烫，并在肘部位置劈缝整烫，形成手臂自然弯势（图2-30）。

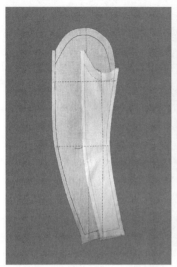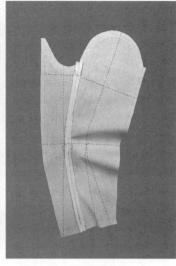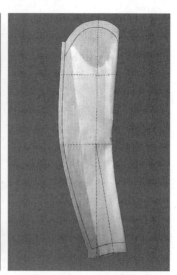

图2-30

（5）将袖片整理平顺，袖口折光边熨烫。在手臂中间填充棉絮至手臂饱满圆顺，将外侧缝用珠针假缝固定，并用暗缲针针法将其缝合（图2-31）。

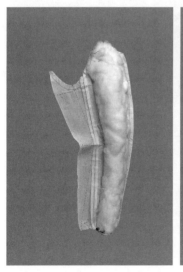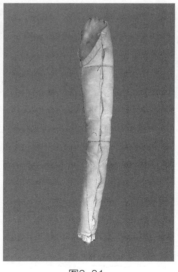

图2-31

（6）将手腕布与手腕挡板基准线对位，在反面将其缝合平整。同时，将臂根布与臂根挡板对位缝合，与肩布用暗缲针针法缝合（图2-32）。

（7）取用已做好的手腕挡板，将其与手臂腕口对位，运用暗缲针针法缝合。同时，将臂根挡板与手臂袖山进行缝合，完成手臂制作（图2-33）。

图2-32

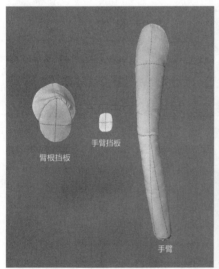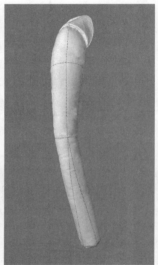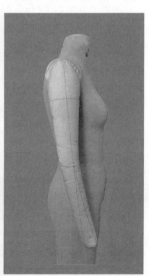

图2-33

第三章
半截裙立体裁剪

　　最早的裙子是用简单的裁片做成的，男女可穿。不同的民族文化，裙子的差异仅在于不同围裹或系带的方式。

　　随着时间变化，女性服装的衣身变得越来越合体和立体，裙片也开始被裁开，变得更加合身。虽然裙子总体来说还是长的，可以保守地遮住脚踝，但裙子在宽度和廓型上一直保持着变化。直至1915年，裙摆终于离开了地面。1947年克里斯汀·迪奥的新风貌裙子的出现，确立了半截裙时尚潮流的发展。

　　半截裙的裙摆高度一直在变化，裙子款式的流行也不断在变化，如泡泡裙一会儿流行，一会儿又过时。但现代的裙子通常还是采用那些不会过时的省、裥、褶技术，来雕刻裙子廓型。所以裙子看起来是时兴的，还是离不开直筒型、A字型、O型等熟悉的廓型。

第一节　直筒裙立裁

　　直筒裙也叫铅笔裙，这种款式面料用量少，而且修身，在第二次世界大战时期很受欢迎。直筒裙可以看作现代版本的旦多尔裙，因为都是用简单的长方形布片围裹身体而成的。区别在于，旦多尔裙在腰部打褶，而直筒裙采用的是腰部收省的方式，线条更流畅，廓型更优雅，逐渐成为职业女性的实用服装，渐渐演变为经久不衰的时尚。为了方便活动，直筒裙通常都有褶裥或后中下摆开衩，如图3-1所示。

图3-1

一、款式规格尺寸

表3-1为直筒裙规格尺寸表。

表3-1　直筒裙规格尺寸表　　　　　　　　　单位：cm

名称	裙长	腰围	臀围	腰头宽
尺寸	58	68	94	3.5

二、学习重点

（1）了解女装下肢体型构造。

（2）掌握下肢腰省省道分配原理。

（3）掌握裙装放松量原理。

三、坯布准备

根据款式图及规格尺寸表，以直纱布纹裁剪长65cm、宽35cm坯布，前后裙片各一片，并标记各坯布的布纹方向：前中线、后中线、腰围线、臀围线，如图3-2所示。

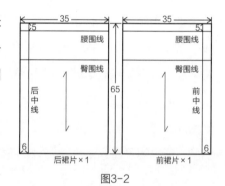

图3-2

四、立体裁剪演示

（1）将坯布前中心线对准人台前中心线，用交叉针法固定，坯布臀围线对准人台臀围线，横平竖直，交叉针法固定，同时在臀围线加放1~1.5cm的放松量（图3-3）。

（2）分别在侧缝、1/2臀围附近，沿着体表，顺着纱线往腰部推平，将臀腰差量一分为二（图3-4）。

（3）将前腰省、前侧腰省捏别，其中前腰省位为1/3前腰往侧缝移1cm处，省长12.5cm，侧腰省位为余下腰围量1/2处，省长11.5cm（图3-5）。

（4）将坯布后中线对准人台后中线，用交叉针法固定，臀围线对准人台臀围线，横平竖直，交叉针法固定，同时在臀围线加放1~1.5cm放松量（图3-6）。

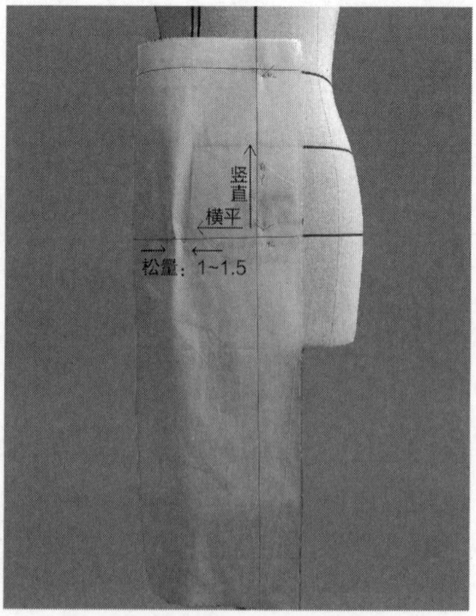

图3-3

（5）沿着侧缝体表，顺着纱线往上推平，同时预留0.5cm作为臀围饱满容量（图3-7）。

（6）在1/2后臀围附近，沿着体表，顺着纱线往腰部推平，将臀腰差量一分为二，保证臀围以下垂直顺直（图3-8）。

（7）将后腰省捏别，并把前后裙片在侧缝处抓合固定，保证臀围线以上部分为曲线，而臀围线以下部分布绺垂直，同时松紧适中，布纹不牵扯，没有斜绺，完成粗裁（图3-9）。

（8）做点影描图。用记号笔在坯布上将腰围线、臀围线、侧缝线以及省道依次做出点影标记（图3-10）。

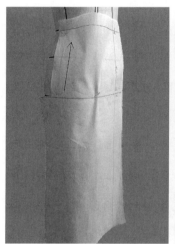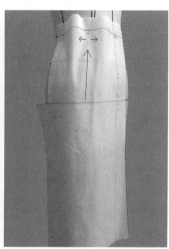

图3-4

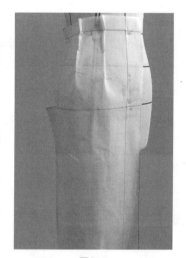

图3-5

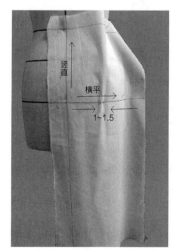

图3-6

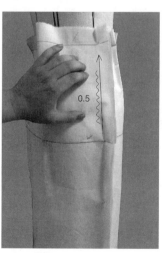

图3-7

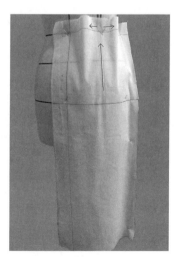

图3-8

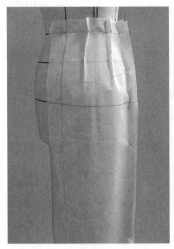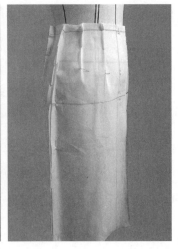

图3-9

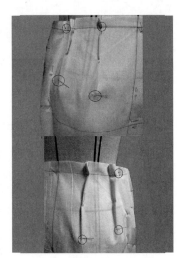

图3-10

（9）根据点影标记，整理完成直筒裙坯布平面纸样的制作（图3-11）。

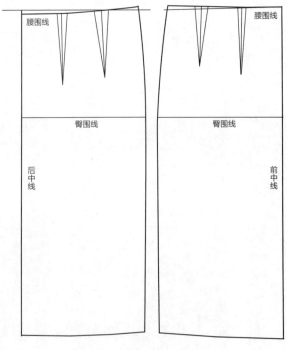

图3-11

（10）根据样板结构线将直筒裙回样、整理，完成款式半身立裁（图3-12）。

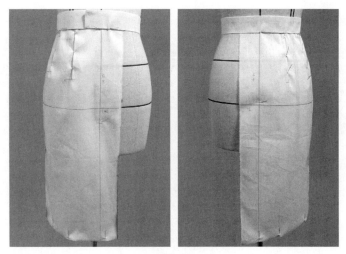

图3-12

五、裁片纸样拾取

通过CAD数字化读图仪，完成直筒裙立体裁剪裁片纸样拾取（图3-13）。

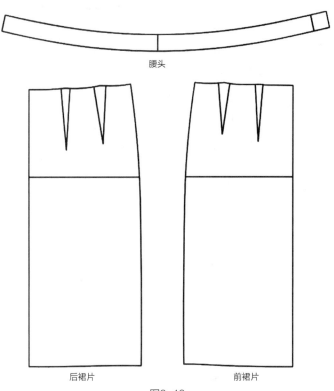

腰头

后裙片　　　　　前裙片

图3-13

第二节　A字裙立裁

A字裙是一种腰部贴身而裙摆逐渐变宽的裙子廓型，臀围的放松量略大，侧缝从腰口至下摆逐渐扩大，呈"A"字。臀腰差的量在腰口每片收一个省，余量在侧缝劈去，如图3-14所示。

图3-14

一、款式规格尺寸

表3-2为A字裙规格尺寸表。

表3-2　A字裙规格尺寸表　　　　　　　　　　　　单位：cm

名称	裙长	腰围	臀围	腰头宽
尺寸	64	68	96	3.5

二、学习重点

（1）了解A字裙与人体下肢结构关系。

（2）掌握腰省转移原理。

（3）掌握A字裙放松量原理。

三、坯布准备

根据款式图及规格尺寸表，以直纱布纹裁剪长70cm、宽40cm坯布，前、后裙片各1片，并标记各坯布的布纹方向、前中线、后中线、腰围线、臀围线，如图3-15所示。

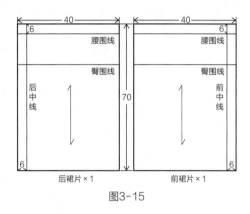

图3-15

四、立体裁剪演示

（1）沿着人台体表，将坯布前中线、臀围线、腰围线用交叉针法，分别固定在人台相应的标记线上，保证前中线竖直，臀围线、腰围线水平（图3-16）。

（2）根据A字裙造型特点，将部分臀腰差量，通过侧缝，向下摆转移，保证裙子整体造型呈A字造型特点（图3-17）。

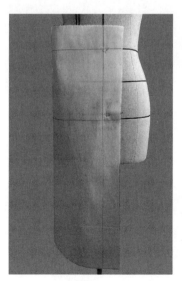
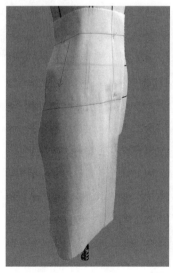
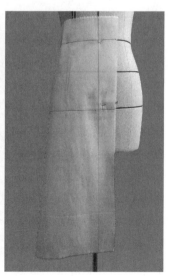

图3-16　　　　　　　　　　　　　　　图3-17

（3）将剩余的臀腰差量作为腰省量捏别收掉，省位为1/2前腰围往侧缝偏1cm，省长为13cm，省量控制在2.5~3.5cm，同时修剪腰部、侧缝的缝份（图3-18）。

（4）将坯布后中线、臀围线、腰围线用交叉针法分别固定在人台相应的标记线上，保证后中线竖直，臀围线、腰围线水平（图3-19）。

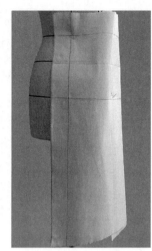

图3-18　　　　　　　图3-19

（5）将部分后臀腰差量，通过侧缝，向下摆转移，保证裙子整体造型呈A字造型特点，并且与前裙片造型相协调（图3-20）。

（6）将后片剩余的臀腰差量作为腰省量捏别收掉，省位为1/2后腰围往侧缝偏1cm，省长为14cm，省量控制在2.5~3.5cm，同时修剪腰部、侧缝的缝份，并与前裙片抓合固定（图3-21）。

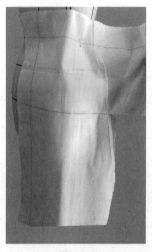

图3-20　　　　　　　图3-21

（7）做点影、描线。用记号笔在坯布上将腰围线、臀围线、侧缝线以及省道依次做出点影标记（图3-22）。

（8）根据点影标记，整理裁片，画出自然腰线，完成款式坯布纸样的制作（图3-23）。

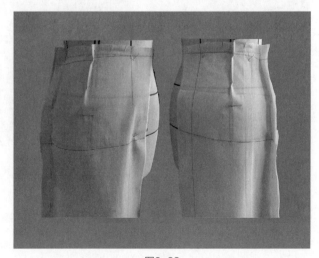

图3-22

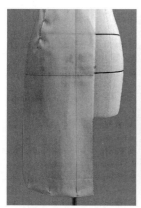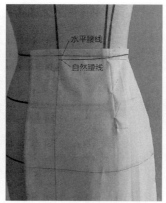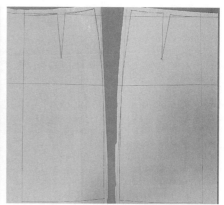

水平腰线

自然腰线

图3-23

（9）根据样板结构线将A字裙回样、整理，并配上腰头，完成款式半身立裁（图3-24）。

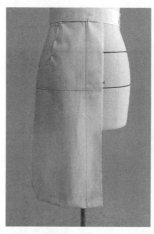

（a）正面效果　　　　　　（b）背面效果

图3-24

五、裁片纸样拾取

通过CAD数字化读图仪，完成A字裙立体裁剪裁片纸样拾取（图3-25）。

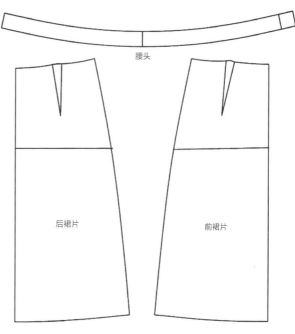

腰头

后裙片　　　　　　前裙片

图3-25

第三节　波浪裙立裁

波浪裙属斜裙样式的变化款式，通过在腰口处做腰线上翘，在这一部位裙片丝缕下降，形成高低起伏的波浪状，如图3-26所示。波浪裙的结构随裙片的数量和裙摆的大小而变化，一般可分为整圆裙、3/4圆裙、半圆裙、1/4圆裙等，还可以分为一片裙、两片裙、四片裙、多片裙等。虽然波浪裙的种类较多，但基本的立裁方法是一致的，只要掌握了一种方法，其他款式可相互套用。

图3-26

一、款式规格尺寸

表3-3为波浪裙规格尺寸表。

表3-3　波浪裙规格尺寸表　　　　　单位：cm

名称	裙长	腰围	腰头宽
尺寸	68	68	3.5

二、学习重点

（1）了解波浪裙与人体下肢的关系。

（2）掌握波浪裙褶量设计方法。

（3）掌握波浪裙体量设计的要点与技巧。

三、坯布准备

根据款式图及规格尺寸表，以直纱布纹裁剪长85cm、宽75cm的坯布，前、后裙片各1片，并标记各坯布的布纹方向、前中线、后中线、腰围线、臀围线（图3-27）。

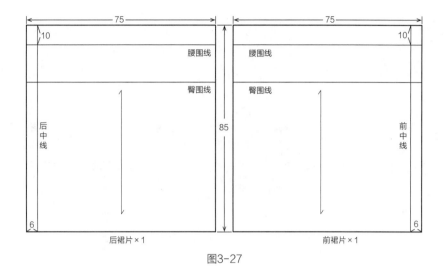

图3-27

四、立体裁剪演示

（1）沿着人台体表，将坯布前中线、臀围线、腰围线用交叉针法分别固定在人台相应的标记线上，保证前中线竖直，臀围线、腰围线水平（图3-28）。

（2）在前腰围往侧缝1/3处设一个波浪褶F_1，沿着腰围线，从前中线往F_1点推平，用交叉针法固定，将腰口余量往侧缝方向下拉，得到第一个波浪的下摆摆量（图3-29）。

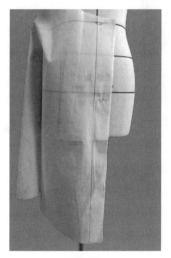
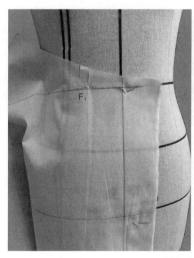

图3-28　　　　　　　　　　　　　　　图3-29

（3）在前腰围上，从前中往侧缝2/3处设置第二个波浪褶F_2，沿着腰围线，从F_1推平至F_2，用交叉针法固定，将腰口余量往侧缝方向下拉，得到第二个波浪的下摆摆量（图3-30）。

（4）沿着腰围线，从F_2推平至侧缝处，同时在侧缝处给一定的波浪量。注意腰围不留松量（图3-31）。

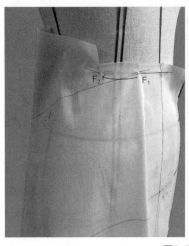
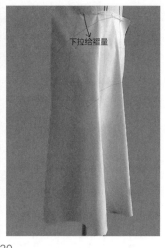

图3-30　　　　　　　　　　　　　　　　　　　　　　图3-31

（5）修剪前裙片的腰围线与侧缝线，预留1.5~2cm缝份，完成前裙片粗裁（图3-32）。

（6）沿着人台体表，将坯布后中线、臀围线、腰围线用交叉针法，分别固定在人台相应的标记线上，保证后中线竖直，臀围线、腰围线水平（图3-33）。

（7）在后腰围往侧缝1/3处设一个波浪褶B_1，沿着腰围线，从后中线往B_1推平，用交叉针法固定，将腰口余量往侧缝方向下拉，得到第一个波浪的下摆摆量（图3-34）。

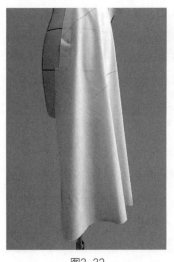

图3-32　　　　　　　　　　　图3-33　　　　　　　　　　　图3-34

（8）在后腰围上，从后中线往侧缝2/3处设置第二个波浪褶B_2，沿着腰围线，从B_1推平至B_2，用交叉针法固定，并在将腰口余量往侧缝方向下拉，得到第二个波浪的下摆摆量（图3-35）。

（9）将前裙片和后裙片在侧缝抓合、固定，并在侧缝给一定的波浪量，保证前后裙身的平衡与协调（图3-36）。

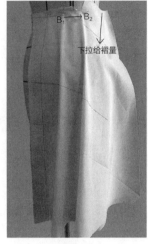

图3-35　　　　　　　　　　图3-36

（10）做点影、描线。用记号笔在坯布上分别将前腰围线、后腰围线、臀围线、侧缝线依次做出点影标记（图3-37）。

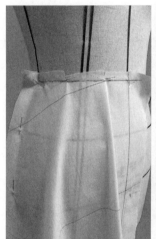

图3-37

（11）根据点影标记，完成波浪裙坯布纸样的制作（图3-38）。

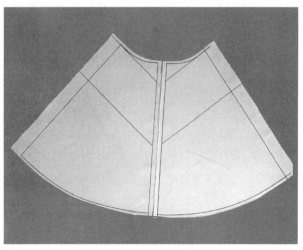

图3-38

（12）根据样板结构将波浪裙回样、整理，完成半身裙款式立裁（图3-39）。

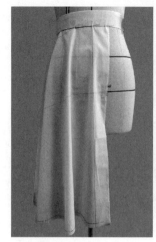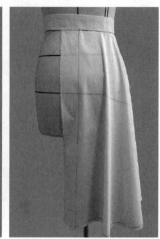

图3-39

五、裁片纸样拾取

通过CAD数字化读图仪，完成波浪裙立体裁剪裁片纸样拾取（图3-40）。

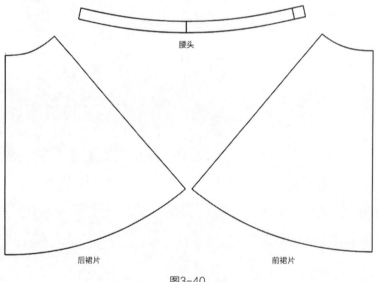

腰头

后裙片　　　　　　前裙片

图3-40

第四节　育克褶裙立裁

本款式用分割线把裙子分成上下两部分。上部分为育克贴体，通过将腰省合并，使腰部及臀围以上部分紧贴，下部分以褶裙的方式呈现。整体上给人运动、时尚、活泼的造型效果，款式如图3-41所示。

图3-41

一、款式规格尺寸

表3-4为育克褶裙规格尺寸表。

表3-4　育克褶裙规格尺寸表　　　　　　　　单位：cm

名称	裙长	腰围	育克腰高
尺寸	45	70	10

二、学习重点

（1）了解褶皱的种类与立裁的手法技巧。

（2）了解褶皱的变化与裙装造型的关系。

（3）掌握育克裙分割与省道转移的关系。

三、坯布准备

根据款式图及规格尺寸表，以直纱布纹裁剪坯布的前片育克、后片育克，前裙片、后裙片各1片，并标记各坯布的布纹方向、前中线、后中线、腰围线、臀围线。具体裁片尺寸如图3-42所示。

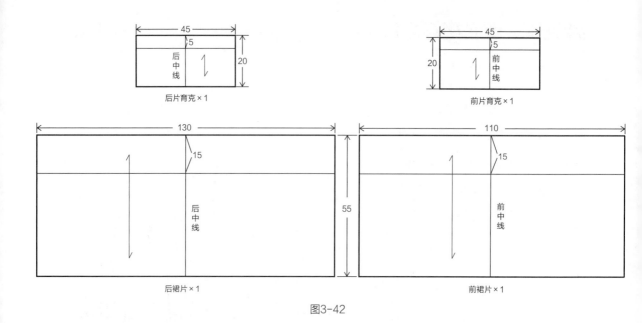

图3-42

四、立体裁剪演示

（1）根据育克裙款式图特点，在人台的正面、侧面、背面将标记线补充完整，其中育克分割线分别在前中线、后中线下降10cm，侧缝下降6.5cm（图3-43）。

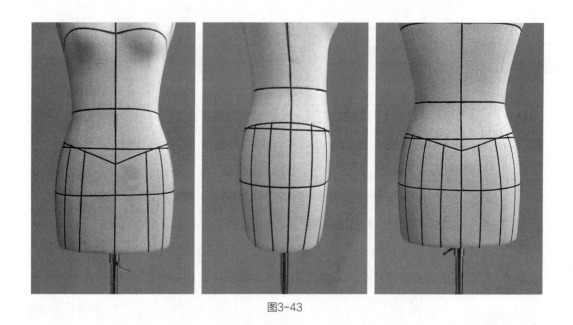

图3-43

（2）沿着人台体表，将坯布前中线、臀围线用交叉针法分别固定在人台相应的标记线上，保证前中线竖直，臀围线水平（图3-44）。

（3）根据标记线的位置，在前裙片分别折出三个褶，褶的大小控制在5~6cm。通过裁片的提拉，控制褶裙的整体造型（图3-45）。

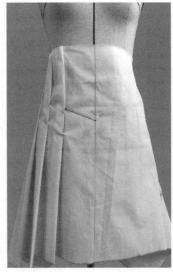

图3-44　　　　　　　　　　　　　　　　　　图3-45

（4）修剪褶裙片缝份，画出前育克裙的分割线，同时标记出褶的位置及对位点（图3-46）。

（5）将前片裁片进行平面整理，在坯布上画出结构线，同时将右前裙片的结构线对称复制至左前裙片上，并将褶位叠别（图3-47）。

图3-46

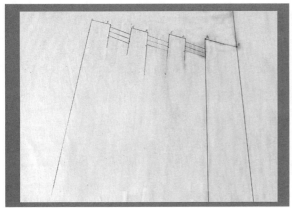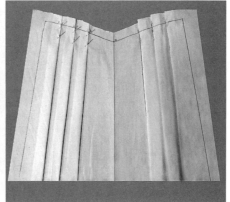

图3-47

（6）将平面整理完的前片褶裙回样，预留1~1.5cm缝份（图3-48）。

（7）将前片腰部育克部分裁片的前中线对着人台的前中线，用交叉针固定，通过省道转移，将腰部的省量转移至育克分割线位置，并修剪育克裁片，确保育克腰部没有余量，整体松紧适中，不紧绷（图3-49）。

图3-48   图3-49

（8）在前片育克裁片上点影标记，并画出育克结构线（图3-50）。

（9）将前片育克回样，完成前片褶裙立裁（图3-51）。

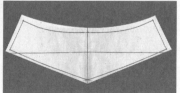

图3-50   图3-51

（10）沿着人台体表，将坯布后中线、臀围线用交叉针法，分别固定在人台相应的标记线上，保证后中线竖直，臀围线水平（图3-52）。

（11）根据标记线的位置，在后裙片分别折出三个褶，褶的大小控制在5~6cm。通过侧边的提拉或下降，控制褶裙的整体造型，并与前裙片造型相协调（图3-53）。

（12）修剪褶裙片缝份，画出后育克裙的分割线，同时标记出褶的位置及对位点（图3-54）。

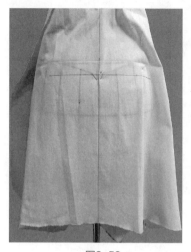
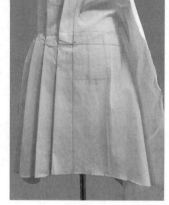

图3-52　　　　　　　　　　　图3-53　　　　　　　　　　　图3-54

（13）将后片裁片进行平面整理，在坯布上画出结构线，同时将右后片结构线对称复制至左后裙片上，并将褶位叠别（图3-55）。

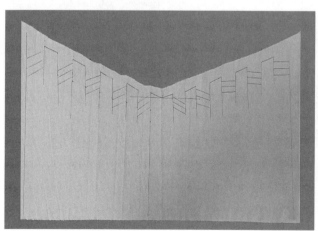
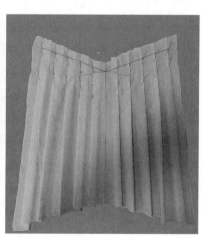

图3-55

（14）将平面整理完的后片褶裙回样，预留1~1.5cm缝份（图3-56）。

（15）将后片腰部育克的坯布后中线对着人台的后中线，用交叉针固定，通过省道转移，将腰部的省量转移至育克分割线位置，并修剪后育克裁片，保证后育克裁片腰部没有余量，整体松紧适中，不紧绷（图3-57）。

图3-56　　　　　　　　　　　　　　　　　　　　　图3-57

（16）对后片育克裁片点影标记，在坯布上画出后片育克裁片结构线（图3-58）。

（17）将后片育克裁片回样，完成后片褶裙立裁（图3-59）。

 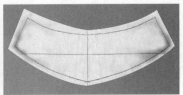 

图3-58　　　　　　　　　　　　　　　　　　　　图3-59

（18）整理前裙片、后裙片，完成育克褶裙整体立裁（图3-60）。

（a）正面效果　　　　　（b）背面效果

图3-60

五、裁片纸样拾取

通过CAD数字化读图仪，完成育克裙立体裁剪裁片纸样拾取（图3-61）。

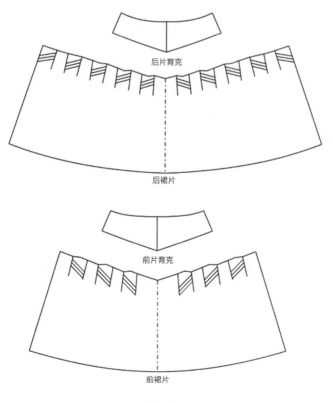

图3-61

第四章
上身基本型立体裁剪

第一节　新文化式原型立裁

图4-1为新文化式原型上身效果图，前衣身袖窿处设有胸省，前衣身腰上收四个前腰省。后衣身肩部设有肩省，同时收五个后腰省，同时前、后侧缝收侧腰省。

一、款式规格尺寸

款式以160/84A为基础号型，其背长为38.5cm，胸围加放12cm松量，腰围加放6cm松量，具体规格尺寸如表4-1所示。

图4-1

表4-1　新文化式原型规格尺寸表　　　　　　　　单位：cm

名称	背长	胸围	腰围
尺寸	38.5	96	74

二、学习重点

（1）衣身放松量的基本原理，各部位松量的分配。

（2）了解服装省道形成的原理。

胸省：由上胸围与下胸围的差值形成。

腰省：由胸腰围的差值形成。

肩省：由背肩部的差值形成。

（3）省道大小的变化与放松量之间的关系：省道大小决定放松量的大小。

三、坯布准备

根据原型及规格尺寸表，选取直纱布纹，裁剪长50cm、宽35cm的坯布，前、后片各1片，并标记各坯布的布纹方向、前中线、后中线、胸围线、腰围线，如图4-2所示。

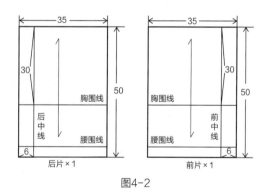

图4-2

四、立体裁剪演示

（1）将坯布的前中线、胸围线对准人台的前中线和胸围线，确保前中线直纱方向不紧绷，胸围线横纱平顺（图4-3）。

（2）顺着横纱方向，沿着人台胸围线，从BP点往侧缝横推平服，并从侧缝往BP点回推1.5cm的量作为松量，用交叉针法在侧缝处固定（图4-4）。

（3）沿胸宽线从前中横平、竖直推至侧颈点，用交叉针法固定，确保领窝、锁骨处平服，不紧绷（图4-5）。

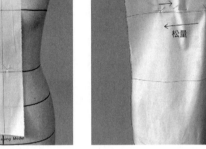

| 图4-3 | 图4-4 | 图4-5 |

（4）沿肩线从侧颈点平推至肩点，从肩点沿着袖窿往下推，同时从袖窿底点沿着袖窿往上推至前腋窝，将余量捏别，即形成胸省（图4-6）。

（5）从BP点与前中线之间，沿着人台体表顺着直纱方向从胸围线平推至腰围线用交叉针固定。同样，从BP点与前腋下侧腰省之间，前腋下侧腰省与侧缝之间从胸围线平推至腰围线，交叉针固定，分别得到腰省和前腋下腰省，将两个省道捏别，并修剪侧缝线，完成前片粗裁（图4-7）。

（6）将坯布的后中线、胸围线对准人台的后中线和胸围线。同时，沿背宽线往袖窿处平推，并回推0.5~0.8cm背宽松量，保证坯布背宽以下直纱平顺（图4-8）。

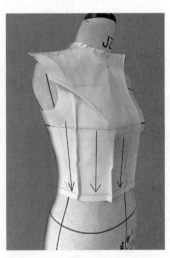
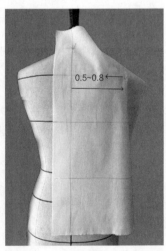

| 图4-6 | 图4-7 | 图4-8 |

（7）将后片裁片的胸围线对准人台的胸围线，保证袖窿不紧绷，后腋点以下部分垂直，整体形成箱型造型（图4-9）。

（8）从后中线横平、竖直将领口推平服，袖窿处往肩点推平，并把肩胛骨余量在肩线处捏别，形成肩省，省尖点位于右侧1/2背宽线往侧缝偏移1cm处（图4-10）。

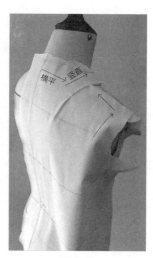

图4-9　　　　　　　图4-10

（9）在后中线与1/2背宽线之间、1/2背宽线与后腋点之间，以及后腋点与侧缝线之间，沿着体表，顺着纱向，从胸围线往腰围线推平，形成后中腰省、后腰省以及后腋下腰省，并将省道捏别（图4-11）。

图4-11

（10）将前、后裁片点影标记（图4-12）。

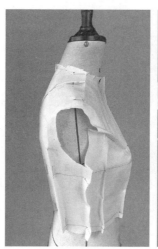

图4-12

（11）在平面中完成前、后裁片结构线的整理，根据分割造型的需要，可适当对省道位置进行平移微调（图4-13）。

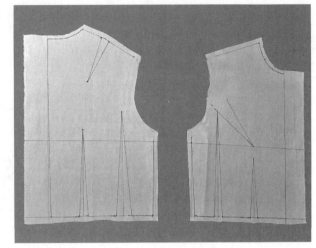

图4-13

（12）将平面整理完的裁片回样（图4-14），确保上身原型满足：领口弧线顺沿颈根圆顺，无起伏，无绷紧；袖窿弧线无起伏，无压迫感；腰线保持水平状态；身幅的松量适度，前宽、后宽、袖窿宽度的比例恰当；肩线顺沿肩斜顺畅；整体布丝顺畅，体型适度。

图4-14

（13）把直尺压弯，扣住肩端点，将袖窿截面往前内旋，袖窿底部在胸围线以上2cm扣紧，在胸宽与背宽处预留盖势松量，并画出袖窿弧线（图4-15）。

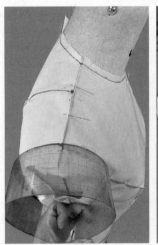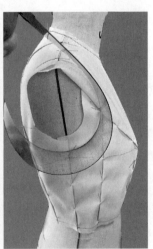

图4-15

（14）平面整理，完成原型裁片结构线（图4-16）。

（15）将裁片回样、整理，完成新文化式原型半身立裁（图4-17）。

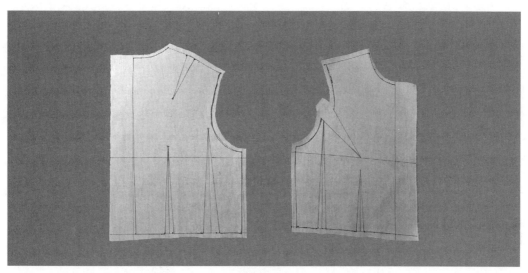

图4-16

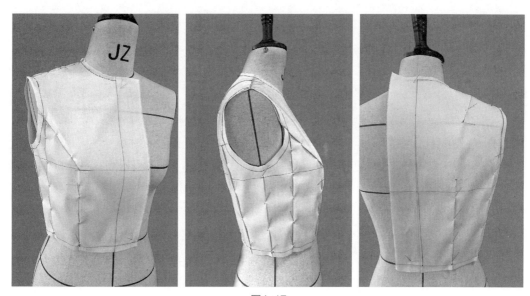

图4-17

五、裁片纸样拾取

通过CAD数字化读图仪，完成新文化式原型立体裁剪裁片纸样拾取（图4-18）。

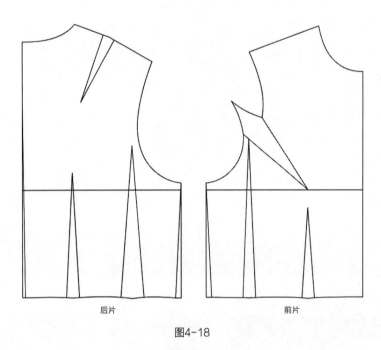

后片　　　　　　　　　　前片

图4-18

第二节　袖子原型立裁

　　袖子原型是在新文化式原型袖窿的基础上进行配袖。

一、学习重点

　　（1）袖子、衣身与袖窿的平衡关系。

　　（2）袖山弧线与袖窿弧线的匹配关系。

　　（3）袖肥、袖山高、袖子合体度以及袖子造型的关系。

　　（4）袖山造型与袖山弧线容量分配的关系。

二、坯布准备

　　袖内缝线利用坯布的纵向布纹线，袖肥线利用布纹的横向布纹线，裁片尺寸如图4-19所示。

三、立体裁剪演示

　　（1）将袖子裁片的袖肥线、袖内缝对准衣身袖窿底线，保证袖子裁片与水平面垂直，用珠针固定（图4-20）。

　　（2）从前腋点、后腋点提拉袖子裁片，使袖子在腋下微微形成兜量，沿袖窿底线将袖子裁片用珠针在腋下固定，并沿着袖窿底线点影、描线，画出袖山底线，修剪缝份至前、后腋点（图4-21）。

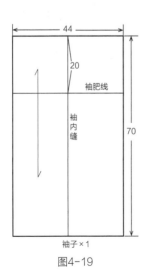

图4-19

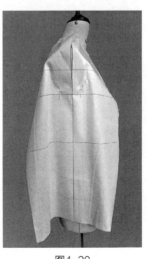

图4-20

图4-21

（3）将立裁手臂固定到人台上，使手臂自然下垂，上臂部分与水平面垂直，前臂部分前甩，在肘部与上臂形成弯势（图4-22）。

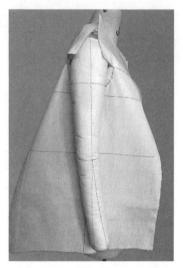

图4-22

（4）以前、后腋点为转折点，将袖片往袖中缝抓合，确保后袖肥饱满，前袖肥平顺，袖肥线对位，袖肥与臂根围度一周留有1cm的厚度松量。将袖口抓合固定，使整个袖子形成筒状造型（图4-23）。

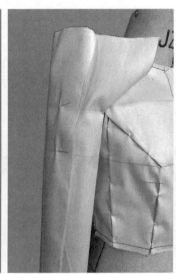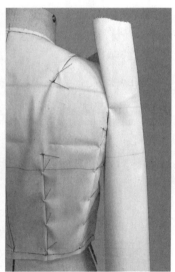

图4-23

（5）将袖山容量均匀分布在前、后袖窿弧线上，用珠针固定，并沿着袖窿弧线点影、描线，画出袖山弧线（图4-24）。

（6）在平面上整理袖子裁片，量出袖长为56cm，并画出袖子结构线，修剪缝份。同时，将袖中线缝合，袖山弧线缩缝，形成袖筒造型（图4-25）。

（7）将袖子回样、整理，完成新文化式原型袖子立体裁剪（图4-26）。

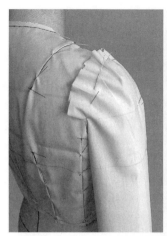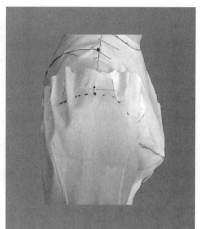

图4-24

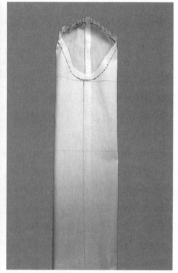

图4-25

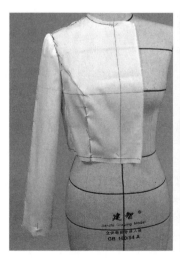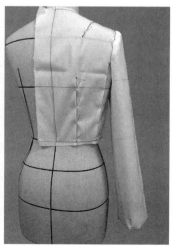

图4-26

四、平面配袖方法

衣服袖子是否合适，直接影响到一件衣服的外观以及穿着的舒适度。因此，做好袖子的裁剪就成了重中之重。对于立体裁剪来讲，圆装袖通过平面配袖，立体调整的方法更快捷，准确度更高。本教材中圆装袖均采用平面配袖，立裁调整的方法完成，下面介绍通过立裁的袖窿进行平面配袖的方法。

1.一片袖平面配袖

袖子造型的最重要部分在于袖山，而决定袖山的两个基本参数是袖山高和袖肥。衣身立裁完成后，前后片缝合，袖窿曲线合拢成一个袖窿圈，合体袖的袖山高约等于袖窿圈高，如图4-27所示，即：

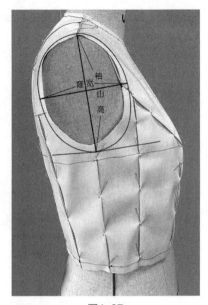

图4-27

袖山高（SH）为袖窿圈中肩点至袖窿底点的长度。当然，袖山高还跟袖子的吃势、袖山的饱满度以及袖子的款式造型有关。

袖窿弧线长（AH）是袖窿一圈的整个弧线长度，可以由袖窿实际测量得到。

在袖山高和袖山斜线确定后，袖肥也就确定了。

2.一片袖平面配袖步骤

（1）确定袖长等于56cm。

（2）根据立裁衣身量取袖窿圈高，确定为袖山高，在袖长上量取袖山高，画出袖肥线。

（3）在袖山高点分别量取袖肥线前AH和后AH长度，可根据袖山吃势加减调节值，确定袖肥。调节值既可取正值，也可取负值，主要用于调整袖山弧线与袖窿弧线容量。

（4）将衣身的前、后袖窿分别拷贝至前、后袖肥线上，便于匹配袖山底弧线。

（5）从袖肥线向上2.5cm画平行线，与前、后袖窿相交，并挖深0.3cm，作为袖子腋下兜量，增加手臂上抬的活动空间。

（6）在袖山顶点画水平线，向前量4cm、向后量5cm作为袖山饱满量辅助线，然后分别与前、后挖深0.3cm的端点连接作辅助线，并将辅助线二等分。

（7）过袖山底点，经挖宽0.3cm兜量端点，相切辅助线二等分点，至袖山顶点，分别将前后袖山弧线画圆顺，并画出肘位线，完成一片袖平面配袖（图4-28）。

3.合体一片袖配袖

根据完成的一片袖，将前、后袖肥二等分，沿着前、后分割线，袖口分别作（袖肥-袖口）/2的旋转。前袖缝袖肘处收1cm省道，袖口互借前袖口1.5cm，修顺前后袖缝线，并重新将袖山弧线画圆顺，完成合体一片袖平面配袖（图4-29）。

4.两片袖配袖

两片袖较一片袖多了前、后袖肥中线的纵向分割线，所以先根据立裁衣身的袖窿配出直筒袖。在直筒袖基础上，将前、后袖肥二等分，作两片袖分割线，同时前袖肥分割线做3cm的互借，完成两片袖配袖（图4-30）。

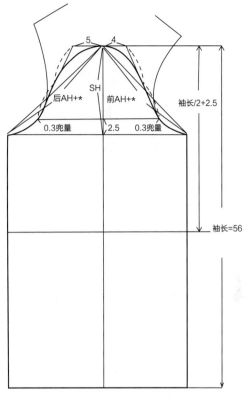

图4-28

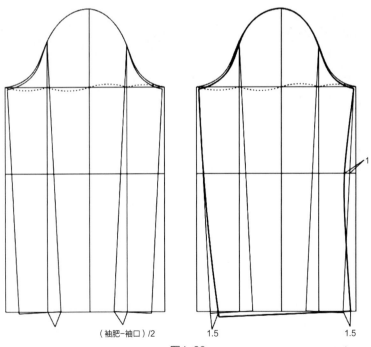

图4-29

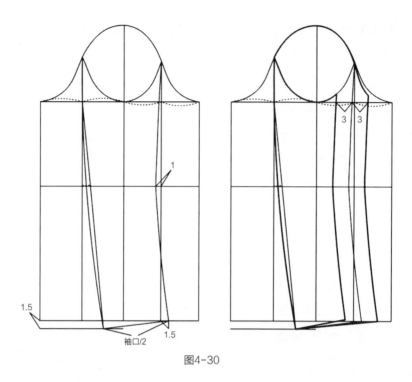

图4-30

5.带扣势两片袖配袖

　　带扣势两片袖需先将直筒袖的袖中线向前内旋5cm，然后分别画出前、后袖肥中线，对称前、后袖底弧线。画出两片袖分割线，前袖破缝做0.5cm互借，后袖破缝做2.5cm互借，圆顺大、小袖外轮廓结构线，完成带扣势两片袖配袖（图4-31）。

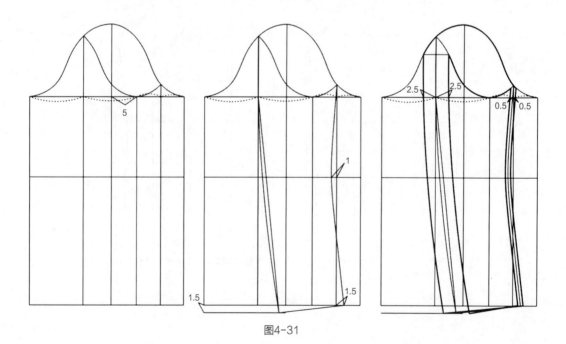

图4-31

第三节　原型运用——倒竹笋上衣立体裁剪

本节款式选自全国职业技能大赛题库中一款连衣裙的上身部分，衣身左前胸有八个不对称的褶，构成倒竹笋造型。

一、学习重点

（1）腰省、胸省的转移与应用。

（2）风琴褶的立裁与运用。

（3）放松量与服装造型的关系。

二、坯布准备

前中线利用坯布的纵向布纹线，腰围、胸围利用坯布的横向布纹线，裁片尺寸如图4-32所示。

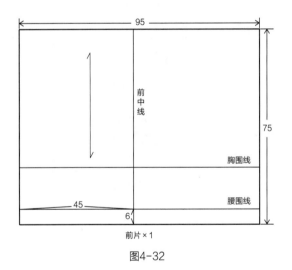

图4-32

三、立体裁剪演示

（1）根据款式图，完成人台标记线的补充（图4-33）。

（2）将裁片的前中线、腰围线分别对准人台的前中线、腰围线，保证裁片松紧适中，用交叉针法固定（图4-34）。

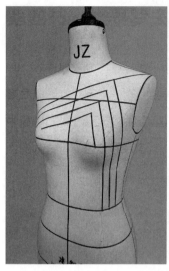
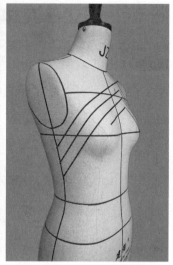

图4-33

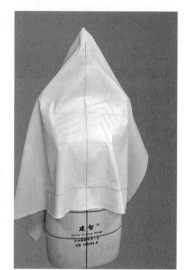

图4-34

（3）将裁片的腰省、胸省转
移至领口，在BP点处预留1cm
左右松量，修剪腰线缝份，并
沿压褶方向剪开至左前胸省附近
（图4-35）。

图4-35

（4）分别将左右的领口省转
移至左、右胸口处，右胸省压左
胸省固定（图4-36）。

图4-36

（5）参照款式标记线位置，分别在左、右两侧压褶，褶量大小为4~5cm，并修剪裁片缝份（图4-37）。

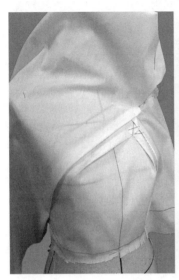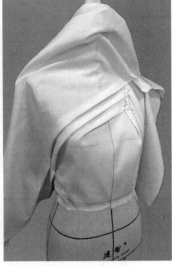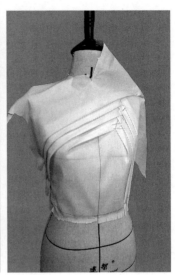

图4-37

（6）将肩线、领口推平服，修剪缝份。同时，对衣片的腰线、侧缝、肩线、领窝线进行点影、描线，并标记褶的位置（图4-38）。

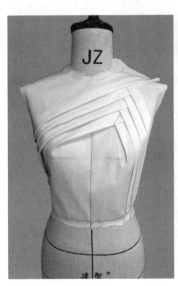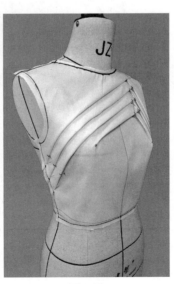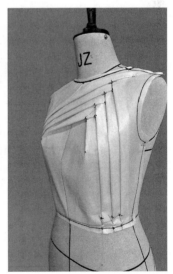

图4-38

（7）在平面上整理平顺，画出裁片结构线（图4-39）。

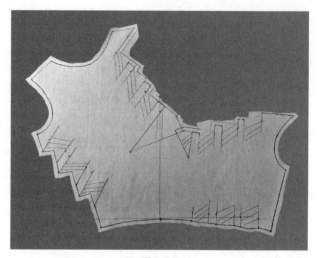

图4-39

（8）将裁片回样、整理，完成款式立裁（图4-40）。

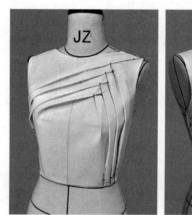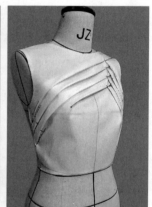

图4-40

四、裁片纸样拾取图

通过CAD数字化读图仪，完成原型运用——倒竹笋上衣立体裁剪裁片纸样拾取（图4-41）。

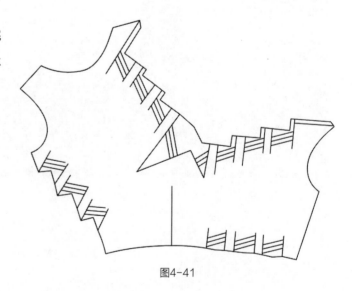

图4-41

第四节　原型运用——交叉褶裥上衣立体裁剪

本节款式选自《服装造型学——理论篇》中的教学案例，款式是将所有的褶量集中在领口，形成交叉状褶裥的设计。

一、学习重点

（1）腰省、胸省的转移与应用。

（2）交叉褶的立裁与运用。

（3）放松量与服装造型的关系。

二、坯布准备

前中线利用坯布的纵向布纹线，腰围线、胸围线利用坯布的横向布纹线，裁片尺寸如图4-42所示。

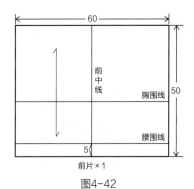

图4-42

三、立体裁剪演示

（1）根据款式图，完成人台标记线的补充（图4-43）。

（2）将裁片的前中线、腰围线分别对准人台的前中线、腰围线，保证裁片松紧适中，用交叉针法固定（图4-44）。

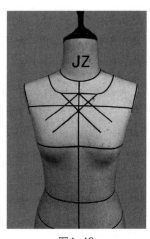

图4-43

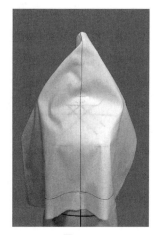

图4-44

（3）将裁片的腰省、胸省转移至领口，在BP点处预留1cm左右松量，修剪腰线缝份，并沿前中线将裁片剪开至交叉褶处（图4-45）。

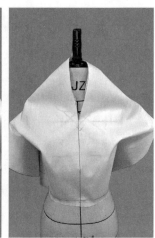

图4-45

（4）根据标记线位置，整理右边裁片的两个褶裥造型，并将胸部整理平服，胸部立体度造型美观无斜绺，修剪袖窿、肩线缝份（图4-46）。

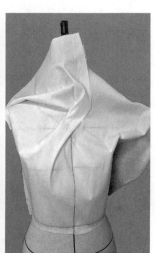

图4-46

（5）修剪右边裁片领窝线缝份，并分别沿右边裁片两个褶裥的中心线剪开至左边裁片褶位的下沿（图4-47）。

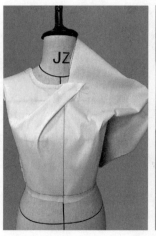

图4-47

（6）重复右边裁片两个褶裥的立裁手法，完成左片裁片两个领口褶裥的立裁，修剪侧缝、肩线、领口缝份，并将这两个褶裥扣压至右边两个褶裥下面（图4-48）。

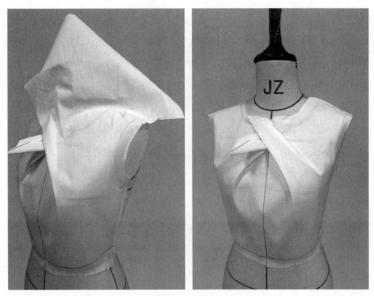

图4-48

（7）将左右两个领口褶裥整理干净，并对裁片进行点影、描线（图4-49）。

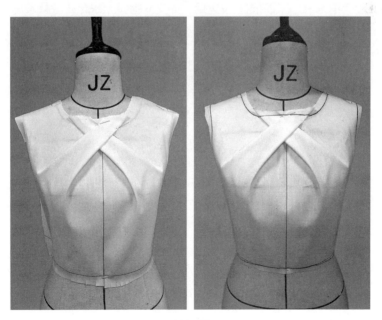

图4-49

（8）在平面上整理平顺，并画出其结构线（图4-50）。

（9）将裁片回样、整理，完成款式立裁（图4-51）。

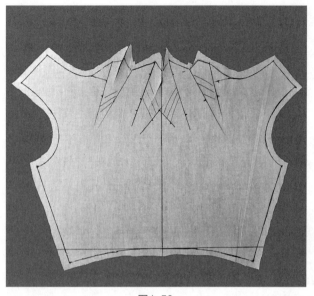

图4-50

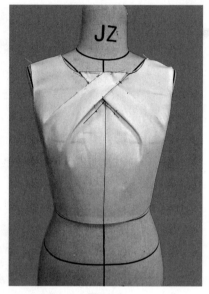

图4-51

四、裁片纸样拾取

通过CAD数字化读图仪，完成原型运用——交叉褶裥上衣款式立体裁剪裁片纸样拾取
（图4-52）。

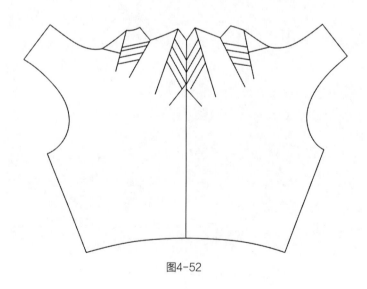

图4-52

第五节　原型运用——胸口蝴蝶造型上衣立体裁剪

本节款式选自中道由子系列教材的款式案例，其款式特点是在前衣片的肩线、袖窿、侧缝展开，做指向前中胸口的褶，形成打蝴蝶结所需要的量，并在前中胸口处系蝴蝶结，类似的结构设计在很多款式设计中都有运用。

一、学习重点

（1）腰省、胸省的转移与应用。

（2）褶的立裁手法与运用。

（3）放松量与服装造型的关系。

二、坯布准备

前中线利用坯布的纵向布纹线，腰围线、胸围线利用坯布的横向布纹线，裁片尺寸如图4-53所示。

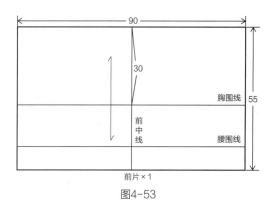

图4-53

三、立体裁剪演示

（1）根据款式图，完成人台标记线的补充（图4-54）。

（2）将裁片的前中线、胸围线分别对准人台的前中线、胸围线，保证裁片松紧适中，并在胸围线上1.5cm处画出裁片破缝线，宽度8cm，用交叉针法固定（图4-55）。

（3）沿前中线从下摆将裁片剪开至胸围线上1.5cm处，预留1cm缝份，并推平服前领窝，修剪缝份（图4-56）。

（4）根据款式图造型，提拉右侧裁片，做出A_1~A_5五个褶，褶起于裁片外轮廓，止于前中胸口破缝处。将腰围线推平顺，并修剪右侧裁片缝份（图4-57）。

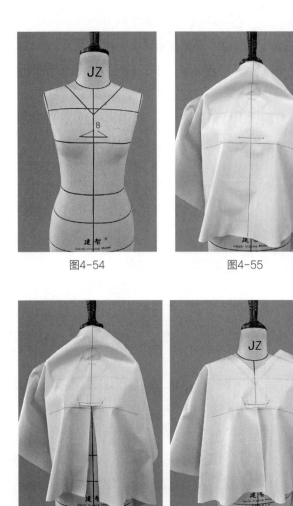

图4-54   图4-55

图4-56

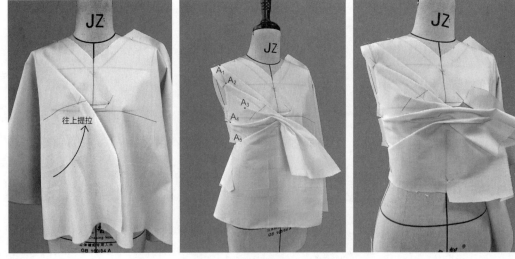

图4-57

（5）将前中胸围线附近的五个褶打开，整理平顺，在前中位置画出前中线、搭门线以及胸口的破缝线。修剪前中裁片缝份，将右侧裁片的胸口破缝线折叠固定，并整理、修剪右侧裁片（图4-58）。

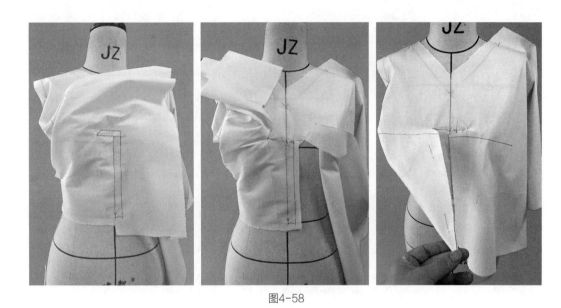

图4-58

（6）重复右侧裁片的立裁手法，完成左侧裁片的立裁，并沿外轮廓完成裁片的点影、描线（图4-59）。

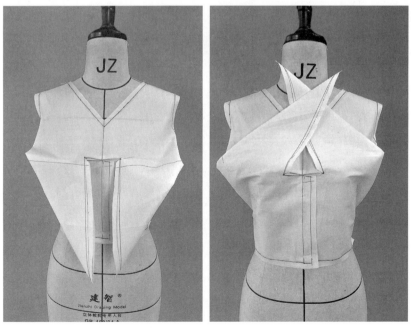

图4-59

（7）将裁片在平面上整理平顺，并画出其结构线（图4-60）。

（8）将裁片回样、整理，完成款式立裁（图4-61）。

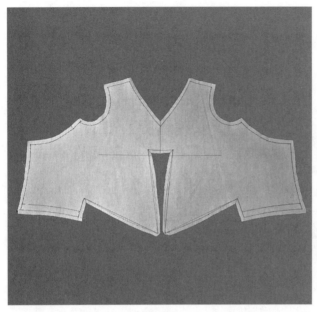
图4-60

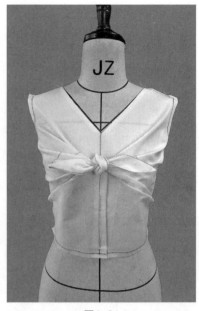
图4-61

四、裁片纸样拾取

通过CAD数字化读图仪，完成原型运用——胸口蝴蝶结造型上衣立体裁剪裁片纸样拾取（图4-62）。

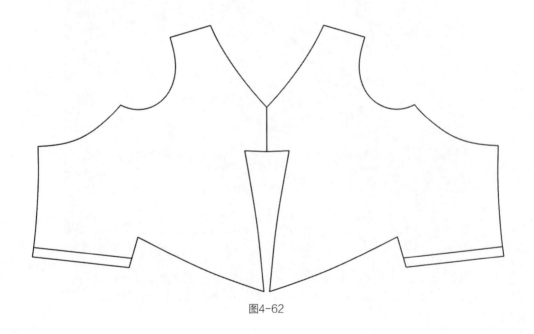
图4-62

第五章
女衬衫立体裁剪

第一节　女衬衫概述

女衬衫源于男衬衫。14世纪后期，人们开始通过裁剪做出精致的男衬衫。而直到19世纪60年代初，女衬衫才出现在女性时尚衣橱里。当时一种叫加里波第（Garibaldi）红色羊毛料的衬衫在欧洲和美国流行，特别是拿破仑三世的妻子——欧仁妮皇后，将红色改成了白色轻薄材质的款式，掀起了衬衫潮流。那时女衬衫效仿男式衬衫，用一些正方形或长方形的衣片裁剪缝制而成，做成单件的服装（图5-1）。

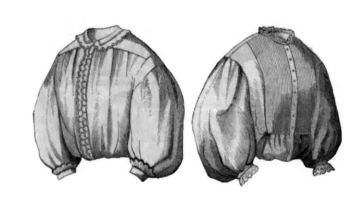

图5-1

随着育克、袖窿弧线、袖山等概念的引进，穿着更舒适合身的新款衬衫成为女衬衫的前身。19世纪90年代，女性地位提升，越来越多的女性参与就业，她们需要全新的、实用的着装，也就有了男式女衬衫。现代服装中时尚女衬衫剪裁更复杂，装饰、细节更精美。同时，由于要考虑很多因素，也更注重整体的比例设计，来保证整体设计的平衡。

现代女衬衫出于美观考虑，通常会采用褶或裥这些立裁的结构因素。在一些加放松量的部位，如胸部、上臂和肩胛骨等部位，需要通过人台来操作，这就要不断地练习和掌握一些立裁的技巧。本章节将通过三件难度不同的款式，重点讲解女衬衫立裁的技巧。

第二节　合体女衬衫立体裁剪

　　这是一款合体翻立领女衬衫，如图5-2所示。将胸省转移至侧缝，形成腋下省。前衣身不收腰省，后衣身收腰省，整体呈X型造型。正常肩宽，配有一对长袖，袖口压褶并配有袖克夫。该款式可作为西服套装的内搭，也可用于夏季正式场合外穿，整体端庄、优雅。用料上，一般可用纯棉、棉混纺物以及绸缎类等材质。

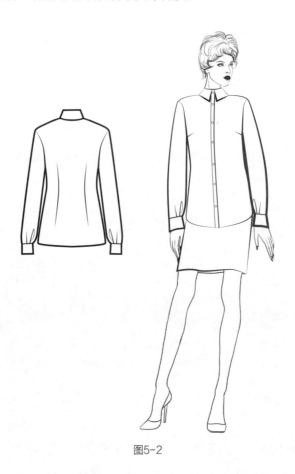

图5-2

一、款式规格尺寸

　　表5-1为合体女衬衫规格尺寸表。

表5-1　合体女衬衫规格尺寸表　　　　　　　　　　　单位：cm

名称	后中长	胸围	腰围	袖长	袖克夫	袖口围	底领	翻领
尺寸	60	91	80	58	6.5	23	3	4

二、学习重点

（1）合体服装松量的加放与分配。

（2）后腰省及腋下省与衣身造型关系的处理。

（3）底领起翘量、翻领下弯量与领子造型的关系。

（4）袖子松量的设计与袖子容量的分配。

三、坯布准备

该款式半身需6片裁片，前中线、后中线、袖中线利用坯布的纵向布纹线，胸围线、腰围线、臀围线、袖肥线利用坯布的横向布纹线，并标注布纹直纱方向，裁片尺寸如图5-3所示。

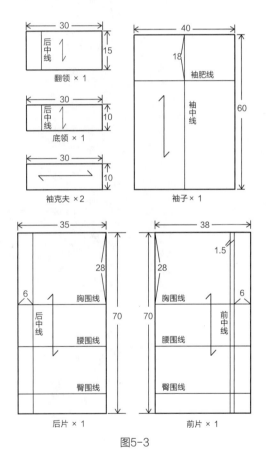

图5-3

四、立体裁剪演示

（1）根据款式特点，在人台的正面、侧面、背面完成标记线补充（图5-4）。

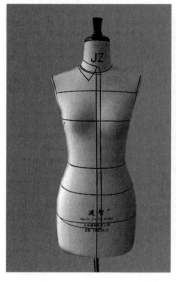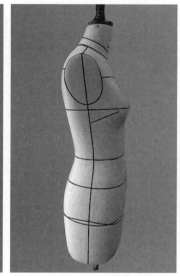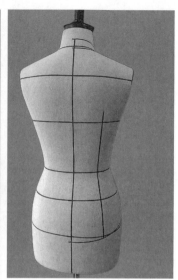

图5-4

（2）将右前片裁片的前中线、门襟线、胸围线、腰围线对准人台相应的基准线，确保前中线直纱方向不紧绷，胸围线横纱平顺（图5-5）。

（3）沿胸围线顺着横纱方向，将坯布从BP点往侧缝推平服，并在前腋下胸围处预留1cm左右放松量（图5-6）。

（4）从前中线至侧颈点横平、竖直将坯布推平服，修剪前领窝缝份，并从侧颈点沿肩线推平至肩点，用交叉针法固定（图5-7）。

（5）将裁片胸围线对准人台胸围线，从前腋点沿体表顺着直纱方向从胸围线平推至腰围线，保证裁片腰节与人台腰围线留有空隙，并用交叉针法固定（图5-8）。

图5-5

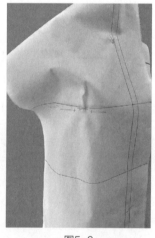

图5-6

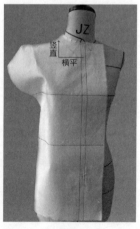

图5-7

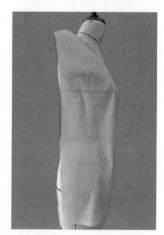

图5-8

（6）将胸省转移至腋下，形成腋下省，并捏别省道，省尖距离BP点3cm左右。同时，修剪前袖窿、侧缝线缝份（图5-9）。

（7）将坯布的后中线、胸围线、腰围线对准人台相应的基准线，确保后中线直纱方向不紧绷，胸围线横纱方向平顺（图5-10）。

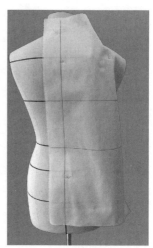

图5-9　　　　　　　　　　图5-10

（8）保证后片裁片与人台后中腰部留有空隙，背宽处预留0.5~0.8cm的放松量（图5-11）。

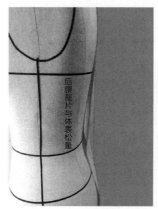

图5-11

（9）将后片裁片的胸围线对准人台的胸围线，保证窿圈不紧绷，后腋点以下部分垂直，整体形成箱型造型（图5-12）。

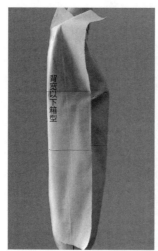
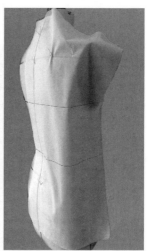

图5-12

（10）修剪侧缝缝份，将后片与前片侧缝捏别，保证前、后片的腰围线、臀围线对齐。同时，前、后片侧缝的胸围线处各预留0.5～1cm作为衣身胸围的松量（图5-13）。

（11）将肩省进行分解，0.3cm转移至后领口，0.8cm作为后肩线容量，肩省剩余量转移至袖窿，形成后袖窿松量（图5-14）。

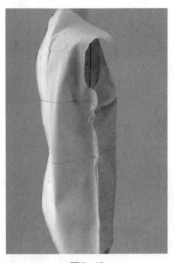
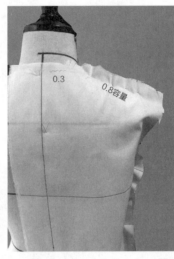

图5-13　　　　　　　　　　　　　　　　图5-14

（12）分别从后中线与1/2背宽线之间、1/2背宽线与后腋点之间，沿着体表，顺着直纱方向，从胸围线平推过腰围线至下摆，在腰围处用交叉针法固定，并将形成的后腰省捏别。省道位于后衣片1/2腰围处，省尖点一个设在胸围线向上2.5cm处，另一个设在腰围线向下16cm处（图5-15）。

（13）完成衬衫衣身粗裁，将前、后衣身整理干净，并进行点影标记（图5-16）。

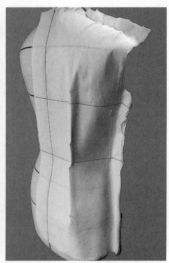

图5-15　　　　　　　　　　　　　　　　图5-16

（14）根据点影标记，进行衣身裁片平面整理，并画出其结构线（图5-17）。

（15）将前、后衣片裁片用珠针固定回样，把打板尺压弯，在袖围线附近扣紧，并在胸宽与背宽处预留盖势作为松量，画出袖窿底线。同时，扣住肩点，将袖窿截面往前内旋，画出整个袖窿弧线（图5-18、图5-19）。

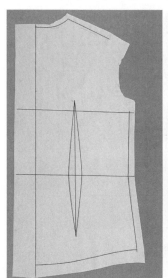
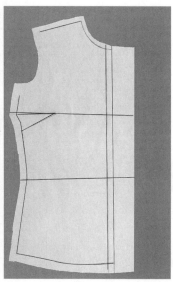
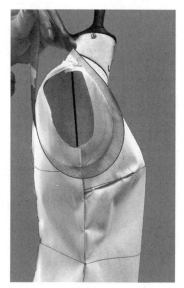

图5-17　　　　　　　　　　　　　　　　　　　图5-18

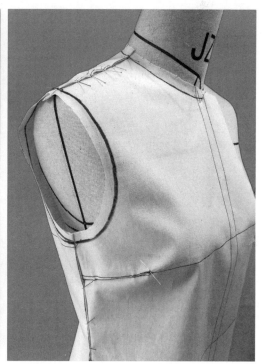
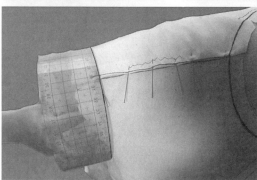

图5-19

（16）根据立体裁剪的衣身裁片，得到前、后袖窿弧线长。以32cm的袖肥为基准，通过前、后袖窿弧线得到袖山高，并挖深0.3cm兜量，完成袖长为58cm，袖肥32cm，袖克夫为6.5cm，袖口为23cm，褶量为4cm的袖子纸样（图5-20）。

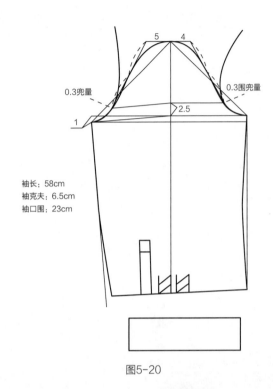

袖长：58cm
袖克夫：6.5cm
袖口围：23cm

图5-20

（17）将袖子纸样用坯布裁出，并在离袖山弧线0.3cm处，手针抽褶，形成袖山自然、饱满的袖筒状态（图5-21）。

（18）完成的袖子，分别在袖山底与袖窿底、袖山高点与袖肩点用藏针法缝装，保证袖山圆整，吃势均匀，袖子微微前甩，并装上袖克夫，完成立体装袖（图5-22）。

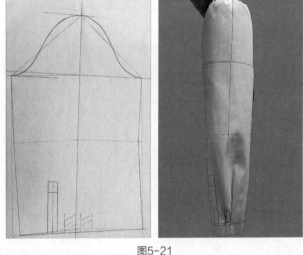

图5-21

（19）在坯布上画出2.5cm的底领高，并将领子后中线对准衣身后中线，领座领底线对准衣身领窝线（图5-23）。

（20）沿着领窝弧线，将领样绕往侧颈，剪开下口毛边，同时兼顾调节领样上口空隙，将领样下口与领口圆顺接合到装领止点线，整体底领造型在后中贴脖，侧颈点上口与脖子之间有1cm的空间，前中底领上口贴脖平服（图5-24）。

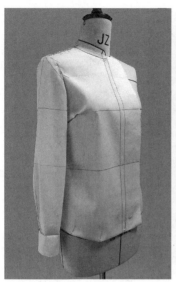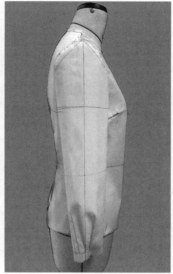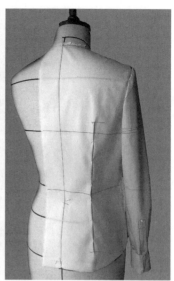

图5-22

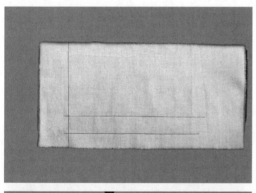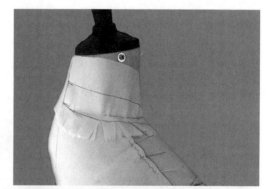

图5-23　　　　　　　　　　　　　　图5-24

（21）将底领造型进行点影、描线，并在平面上整理平顺，画出裁片底领结构图（图5-25）。

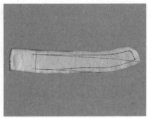

图5-25

（22）将完成的底领裁片进行回样、整理（图5-26）。

（23）在坯布上画出45cm的翻领高，并将领面后中线对准底领的后中线，翻领领底线与底领上领口线捏别（图5-27）。

图5-26　　　　　　　　　图5-27

（24）将翻领外翻，一边将翻领领底线与底领上领口净线抓合，一边摆顺翻领直至前中装领点，并修剪翻领外领口弧线造型（图5-28）。

图5-28

（25）组装、调整、确认造型，上部翻领与领底在接缝上保持松度一致，翻折线在底领与翻领分割线上0.5cm，并且服帖。翻领宽度要求盖得住底领领底线，造型美观、符合要求（图5-29）。

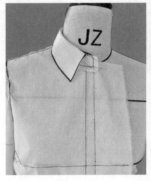

图5-29

（26）回样、整理，完成合体女衬衫半身立裁（图5-30）。

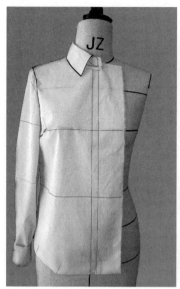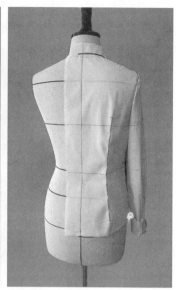

图5-30

五、裁片纸样拾取

通过富怡数字化读图仪，完成合体女衬衫立体裁剪裁片纸样拾取（图5-31）。

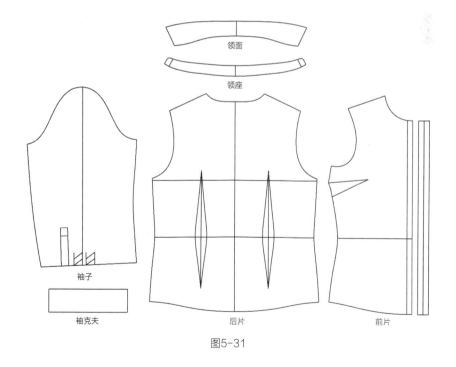

图5-31

第三节　吉布森女衬衫的立体裁剪

本节款式衬衫为知名插画家查尔斯·达纳·吉布森（Charles Dana Gibson）塑造的"吉布森女孩"（Gobson Girl）经典女衬衫款式。前、后衣身有育克分割，后背系纽扣，泡泡袖，立领，袖口及下摆抽褶（图5-32）。

图5-32

一、款式规格尺寸

表5-2为吉布森女衬衫规格尺寸表。

表5-2　吉布森女衬衫规格尺寸表　　　　　　　　　　　　　　单位：cm

名称	后中长	胸围	摆围	肩宽	袖长	袖肥	立领
尺寸	52	128	134	36	50	43	5

二、学习重点

（1）褶皱处理与衣身松量分配的关系。

（2）灯笼袖袖子松量的设计与袖山容量的分配以及袖山高的确定。

三、坯布准备

　　该款式半身需6片裁片，前中线、后中线、袖中线利用坯布的纵向布纹线，胸围线、腰围线、臀围线、袖肥线利用坯布的横向布纹线，并标注布纹直纱方向，裁片尺寸如图5-33所示。

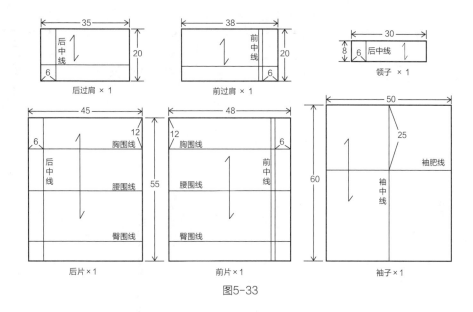

图5-33

四、立体裁剪演示

　　（1）根据款式图造型，完成款式分割标记线的补充（图5-34）。

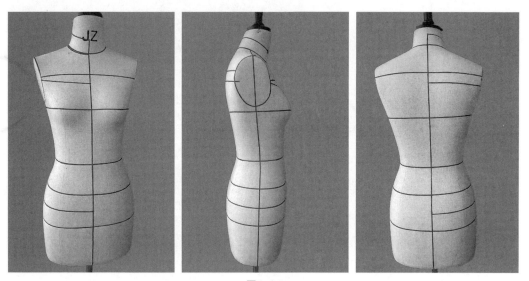

图5-34

（2）将前衣片的前中线、胸围线、腰围线，对准人台的前中线、胸围线、腰围线，保证衣片平服不紧绷，并在侧缝预留3cm缝份。在胸围线及衣摆处用交叉针法固定（图5-35）。

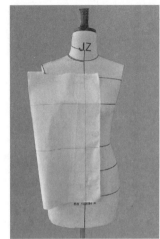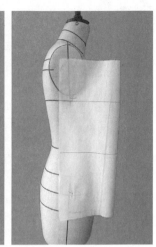

图5-35

（3）将衣片多出的褶量在前中线与胸宽线之间均匀抽褶，修剪缝份，并标记出分割线（图5-36）。注：褶量为前胸宽的2至2.5倍。

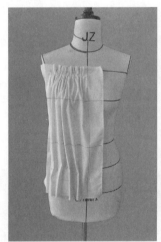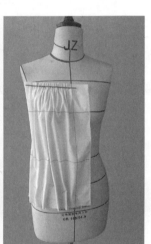

图5-36

（4）将前片过肩裁片的前中线与胸宽线分别对准人台的前中线与胸宽线，保证过肩裁片横平竖直，服帖、不紧绷（图5-37）。

（5）沿着领窝弧线，将裁片推平服。同时，从侧颈点平推至肩点，并将袖窿收干净（图5-38）。

图5-37　　　　　　　图5-38

（6）修剪过肩裁片缝份，并
将过肩裁片与前衣片在破缝处叠
别，保证过肩部分干净、平服，
没有斜缕（图5-39）。

（7）将后片的后中线、胸围
线、腰围线分别对准人台的后中
线、胸围线及腰围线，并用交叉
针法固定（图5-40）。

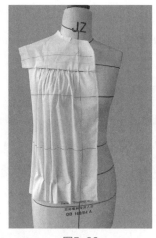

图5-39　　　　　图5-40

（8）后衣片侧缝预留3cm缝
份，同时后衣片胸围线、腰围线
分别对准前片胸围线、腰围线，
抓合捏别，保证后腋点以下部分
垂直（图5-41）。

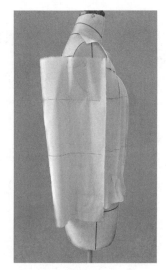

图5-41

（9）将后片预留的褶量，在
后中线与背宽线之间均匀的抽碎
褶后固定，保证后腋点以下箱型
造型（图5-42）。

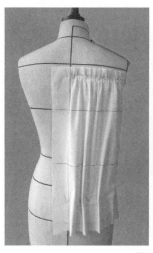

图5-42

（10）将褶皱整理平整，同时修剪缝份，并标记出分割线（图5-43）。

（11）将后片过肩裁片的后中线与背宽线分别对准人台的后中线与背宽线，保证过肩裁片横平竖直，服帖、不紧绷（图5-44）。

图5-43　　　　　　　　图5-44

（12）沿着领窝弧线，将裁片推平。同时，从侧颈点平推至肩点与前过肩抓合捏别，并将袖窿收干净（图5-45）。

（13）修剪后片过肩裁片缝份，并将过肩裁片与后衣片在破缝处叠别，保证过肩部分干净、平服，没有斜绺出现（图5-46）。

图5-45　　　　　　　　图5-46

（14）用打板尺扣住人台颈根，画出衣身的领窝弧线，保证领窝弧线圆顺（图5-47）。

图5-47

（15）画出衣身的袖窿线，形成椭圆形，胸宽合体、平整，背宽松紧适中，袖窿截面微微向前旋转，同时总肩宽控制在36cm（图5-48）。

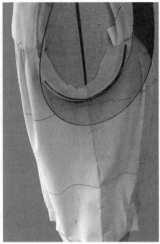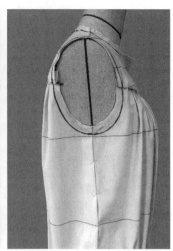

图5-48

（16）将手臂固定在人台上，调整手臂形态，保证手臂自然前甩（图5-49）。

（17）在平面上画出袖肥为44cm，且后袖肥在袖肥线处下降1cm，将袖子后侧缝与前侧缝叠别，形成袖筒造型（图5-50）。

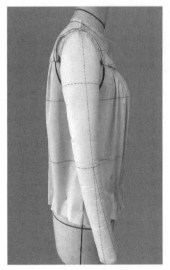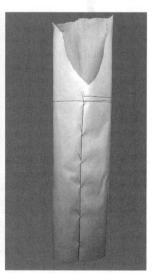

图5-49　　　　　　　　　　　　　　　图5-50

（18）将袖子袖山底线与袖窿底线抓合固定，并固定至衣身的前、后腋点处，调整袖子造型，并保证袖子前甩及手臂抬高的角度适中，满足手臂上抬活动所需要量（图5-51）。

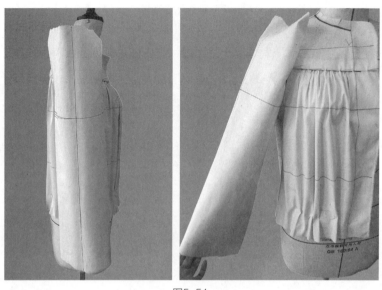

图5-51

（19）匹配袖子袖山底线与袖窿底线，并将袖山褶量在肩点两侧6.5cm处，往肩点压褶，调整袖子厚度，使之整体造型协调、美观（图5-52）。

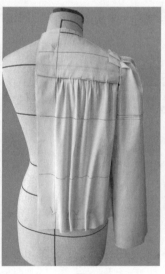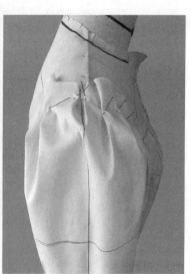

图5-52

（20）将袖山弧线进行点影、描线，画好对位点，并在平面上完成袖子的结构线（图5-53）。

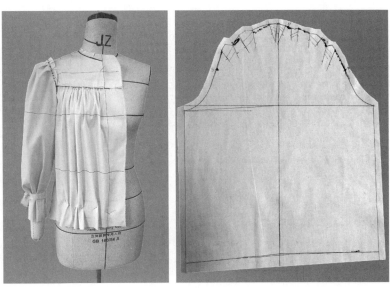

图5-53

（21）将袖子回样、整理，保证袖子自然前甩、造型美观（图5-54）。

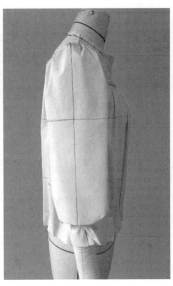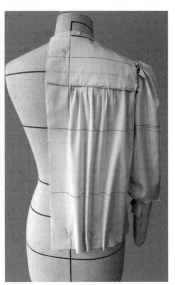

图5-54

（22）将宽度为5.5cm的立领裁片垂直与领窝固定，调整领底线，使立领整体造型立挺，领子外口与脖子有较大的活动空间量（图5-55）。

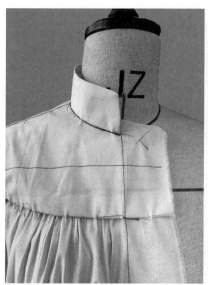

图5-55

（23）完成吉布森女衬衫半身立裁（图5-56）。

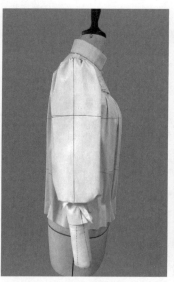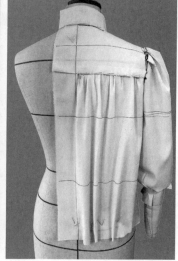

图5-56

五、裁片纸样拾取

通过富怡数字化读图仪，完成吉布森女衬衫立体裁剪裁片纸样拾取（图5-57）。

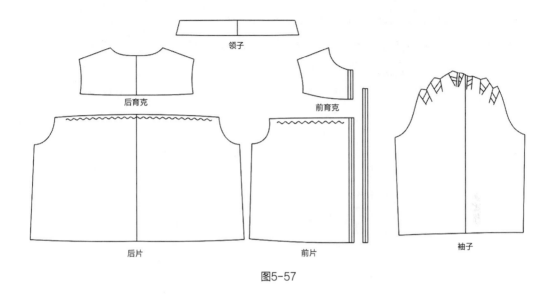

图5-57

第四节　维果罗夫女衬衫立裁

本节款式为维果罗夫（Viktor&Rolf）2013年秋冬高级成衣巴黎时装周发布秀的作品。款式前衣身采用不对称的结构设计，左前片为常规的女衬衫结构设计，右前片从前中线的中腰围处做褶，与右袖造型呼应，并在胸宽处捏褶，形成蝴蝶结造型。后衣身育克设计，两侧收腰省。翻立领结构，长袖单褶开袖衩（图5-58）。

图5-58

一、款式规格尺寸

表5-3为维果罗夫女衬衫款式规格尺寸表。

表5-3　维果罗夫女衬衫规格尺寸表　　　　　　　　　　单位：cm

名称	后衣长	胸围	腰围	袖长	袖口围	袖克夫	袖肥	底领	翻领
尺寸	60	94	82	58	22	6.5	32	3	4

二、学习重点

（1）右前片胸口褶皱量的大小与服装造型的关系。

（2）右袖袖山褶量加放与褶造型的处理。

（3）衬衫领型与领子技术处理的关系。

三、坯布准备

　　该款式需12片裁片，前中线、后中线、袖中线利用坯布的纵向布纹线，胸围线、腰围线、臀围线、袖肥线利用坯布的横向布纹线，并标注布纹直纱方向，裁片尺寸如图5-59所示。

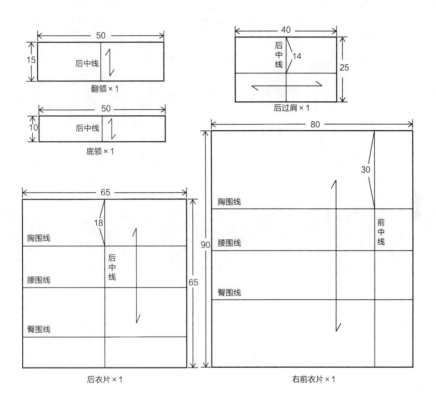

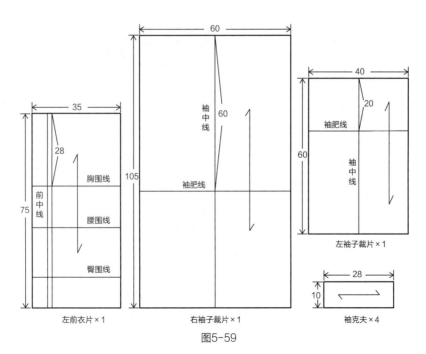

图5-59

四、立体裁剪演示

（1）根据款式特点，完成人台的正面、侧面、背面标记线补充（图5-60）。

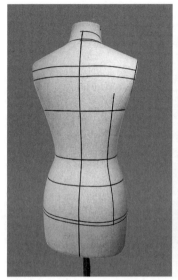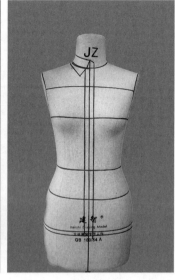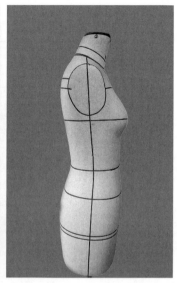

图5-60

（2）将前衣片的前中线、腰围线、胸围线对准人台的前中线、腰围线、胸围线，同时在领窝处、BP点处将裁片固定，并修剪领窝弧线（图5-61）。

（3）在中腰线附近，即款式衣褶起点处打剪口，同时修剪褶起点以上部分的缝份（图5-62）。

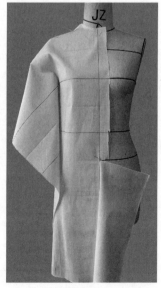

图5-61　　　　　　　　图5-62

（4）以中腰线附近衣褶起点为支点，在肩点附近提拉裁片，捏出符合款式造型需要的褶量，并修剪前中的中腰围线以下缝份（图5-63）。

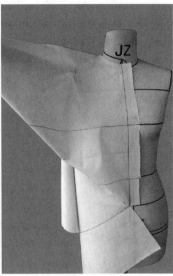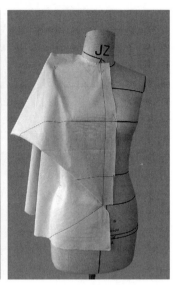

图5-63

（5）在袖窿、侧缝处先沿着体表保证面料服帖，然后在侧缝衣摆处将面料往下拉，确保腰部有松量，并用交叉针法固定，修剪缝份（图5-64）。

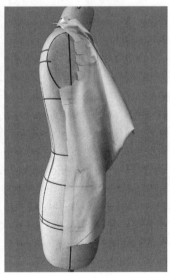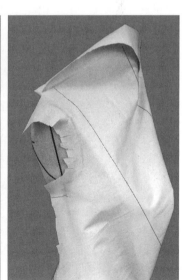

图5-64

（6）将裁片从侧颈点沿着肩线向肩点推平顺，并沿着袖窿，从肩点往下6~7cm处打剪口，作为衣身蝴蝶结造型的止点（图5-65）。

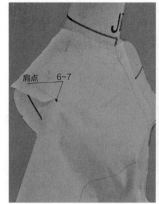

图5-65

（7）捏出蝴蝶结造型，完成右前片衣身粗裁（图5-66）。

（8）将后裁片的后中线、胸围线对准人台的后中心线与胸围线，保证裁片横平竖直（图5-67）。

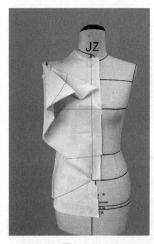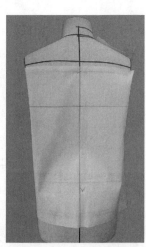

图5-66　　　　　　　　图5-67

（9）在1/2后腰围处，捏别出3.5cm的后腰省，在后腋下胸围处预留3cm左右作为衣身放松量，同时与右前片捏别，标记出过肩分割线，修剪侧缝缝份（图5-68）。

图5-68

（10）将后片过肩裁片的后中线对准人台的后中线，沿着背宽线，顺着横纱方向，横平竖直，保证裁片松紧适中，用交叉针固定。同时，修剪领窝、肩线的缝份（图5-69）。

（11）将过肩破缝、肩线、侧缝扣压叠别，同时修顺右后袖窿弧线，并将裁片进行点影、描线（图5-70）。

图5-69

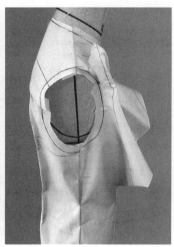

图5-70

（12）完成的右后片纸样结构线，并对称复制至左后片（图5-71）。

（13）将左前片的前中线、胸围线、腰围线对准人台的前中线、胸围线、腰围线，确保面料横平竖直、松紧适中（图5-72）。

（14）在胸围处预留1cm松量，用交叉针固定，同时顺着直纱方向，沿着体表，在侧缝处从胸围线至下摆推顺，并在腰部预留衣身放松量，用珠针固定（图5-73）。

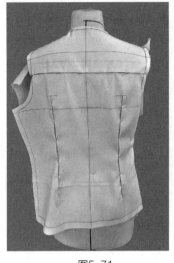

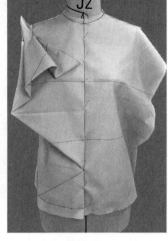

图5-71　　　　　　　　　　图5-72　　　　　　　　　　图5-73

（15）将胸省量转移至腋下，形成腋下省，并叠别省道。同时，将侧缝扣压叠别，修顺左前片袖窿弧线（图5-74）。

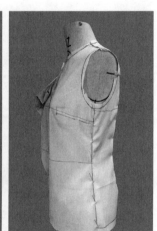

图5-74

（16）完成前、后、左、右衣身裁片立裁，并将下摆折光边（图5-75）。

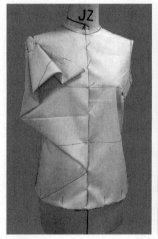

图5-75

（17）将手臂固定至人台上，调整手臂造型，确保手臂微微前甩（图5-76）。

（18）在袖口处将右袖裁片袖中线对准人台中缝，在肩部往外提拉，预留款式造型需要的松量，并将袖子固定（图5-77）。

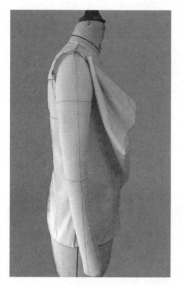

图5-76　　　　　　　　　　　　　　　　　　图5-77

（19）从后胸围上7cm确定后腋点，前胸围上6cm确定前腋点，将剪口修剪至前、后腋点处（图5-78）。

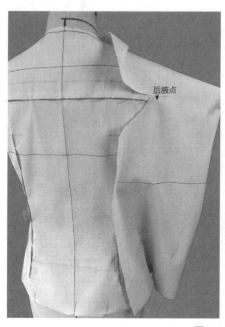

图5-78

（20）抬起手臂，将前、后腋下的袖山底线部分向内回扣，与袖窿底线抓合，别针固定。同时将袖筒造型捏别，进行点影、描线，得到袖筒结构图（图5-79）。

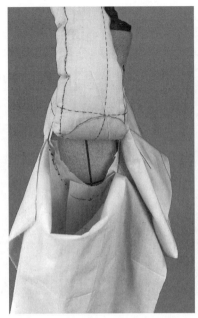
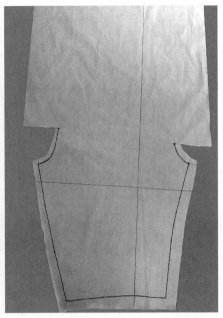

图5-79

（21）将完成的袖筒裁片回样至人台上，同时根据服装款式造型特点将褶皱叠别固定，并对褶位、对位点进行点影描线，完成袖子造型结构线（图5-80）。

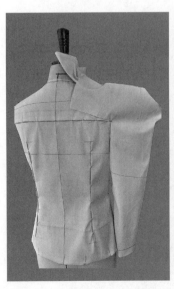

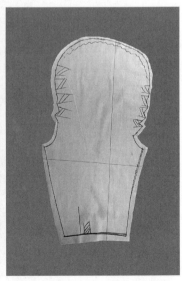

图5-80

（22）将右片袖子裁片回样、整理袖子造型，使右片袖子肩部造型与衣身呼应，形成蝴蝶结造型，完成右袖立裁（图5-81）。

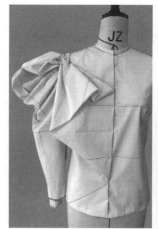

图5-81

（23）根据左衣片袖窿，平面匹配袖子结构，并将袖子叠别，袖山缩缝，完成袖筒制作（图5-82）。

（24）将完成的袖筒用珠针固定至衣身上，确保袖子整体前甩，袖山容量分配合理，袖子绱袖角度合适，与袖底弧线吻合一致，完成左袖立裁（图5-83）。

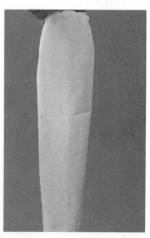

图5-82

图5-83

（25）画出宽2.5cm、长30cm的底领以及宽4.5cm、长30cm的翻领裁片（图5-84）。

（26）底领后中线对齐人台后中线，用交叉针法固定。沿领围线在领底缝份上打刀口至前中，调整领座上下口松量使其符合底领设计造型（图5-85）。

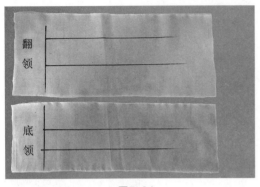

图5-84　　　　　　　　　　　　　　　　　图5-85

（27）修剪领座上下口缝份，调整底领造型，确保底领上口后中与脖子服帖，侧颈点有1cm空间松量，前领窝处服帖，领子容量分布均匀，进行点影、描线，完成底领结构线（图5-86）。

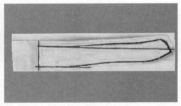

图5-86

（28）将翻领和底领的领上口用叠合针法固定，向上移动0.5cm翻折量作为领座，根据款式特点调整翻领造型（图5-87）。

（29）将翻领立起，调整底领上口与翻领下口的关系，保证底领与翻领转折均匀（图5-88）。

图5-87　　　　　　　　　　　　　图5-88

（30）翻折翻领，调整领面外口松量，保证松量均匀，平整无牵扯，外领口线与衣身接触面服帖，进行点影、描线，完成翻领立体裁剪（图5-89）。

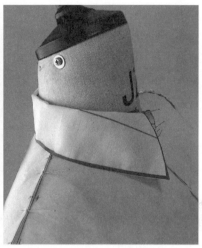

图8-89

（31）进行回样、整理，完成维果罗夫女衬衫整体立裁（图5-90）。

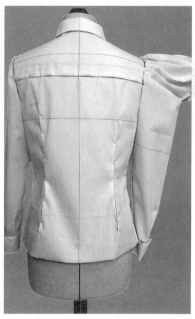

图5-90

五、裁片纸样拾取

通过富怡数字化读图仪，完成维果罗夫女衬衫立体裁剪裁片纸样拾取（图5-91）。

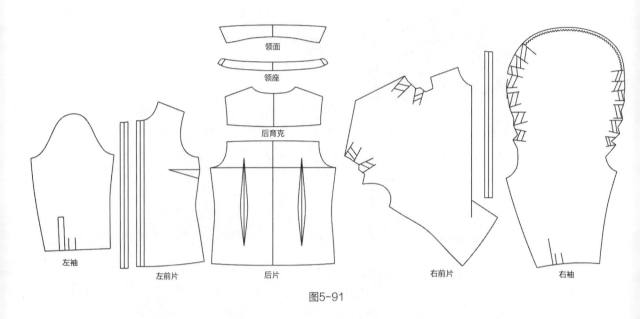

图5-91

第六章
女西服立体裁剪

第一节　女西服起源

　　西服起源于欧洲，其结构源于北欧南下的日耳曼民族服装，最初是为男士们设计穿着的。女士穿上西装的历史远比男性复杂得多。1885年，英国裁缝约翰·雷德芬（John Redfern）以上流绅士的西服为灵感，为威尔士公主路易丝（Louise）制作了一款修身的女士夹克，就这样，历史上第一件女士西服诞生了。不过，这也仅仅是一件"心血来潮"的皇室装束而已。在1910年前，并没有出现过真正意义上的女士西服。直到1914年，倡导女权主义的可可·香奈儿（CoCo Chanel）摒弃了女性"就该穿裙子"的旧观念，从男装身上得到灵感，以粗花呢套装设计，放松腰部束缚，增加硬朗的线条感，创造了第一套女式西服雏形。1966年法国天才设计师伊夫·圣·罗兰（Yves Saint Laurent）将男装元素运用到女性服装上，白衬衫、领结、黑色礼服套装、毛呢礼帽，设计出时尚界第一套无尾版燕尾服，即女式西服，这种带有独特男性风格的服装被当时的时尚界称为"吸烟装（Le Smoking）"。而随着人们文明的进步和品位的提高，女性社会地位越来越高，女西服套装变得越来越讲究，在面料上更为轻柔，裁剪也开始贴体合身，女性优美的曲线通过西服展现出来并开始流行起来。因此，现代女西服也成为女士衣柜里不可缺少的一部分。

第二节　三开身女西服的立体裁剪

三开身是传统西服的基本分割方式，即将胸围分成三份。该款式为戗驳领，单排两粒扣三开身设计结构。前衣身收腰省，双嵌线加袋盖挖袋，后衣身刀背破缝，后中开衩，直摆圆装袖，袖口开衩（图6-1）。

图6-1

一、款式规格尺寸

表6-1为三开身女西服规格尺寸表。

表6-1　三开身女西服规格尺寸表　　　　　单位：cm

名称	后中长	胸围	腰围	肩宽	袖长	袖肥	袖口围	领座高	领面宽	腰节
尺寸	68	96	80	39	60	32.5	24	3	4	38

二、学习重点

（1）服装放松量与款式各面线条之间的平衡。

（2）三开身分割线的最佳位置。

（3）省道转移与运用、反撇胸的运用。

（4）合体两片袖，前势、弯势、扣势的结构设计与运用。

三、坯布准备

该半身款式需6片裁片，前中线、后中线、袖中线利用坯布的纵向布纹线，胸围线、腰围线、臀围线、袖肥线利用坯布的横向布纹线，并标注布纹直纱方向，裁片尺寸如图6-2所示。

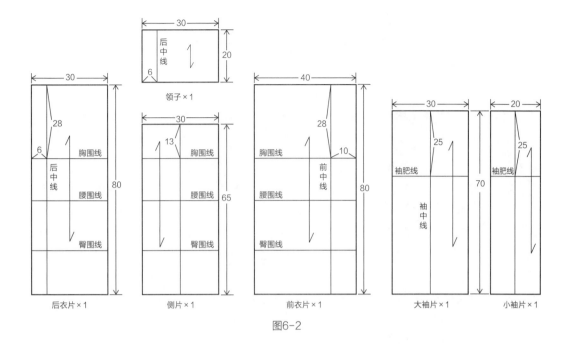

图6-2

四、立体裁剪演示

（1）根据款式图造型，完成款式结构标记线正面、侧面、背面的补充，并在肩部垫上0.8cm厚度的垫肩（图6-3）。

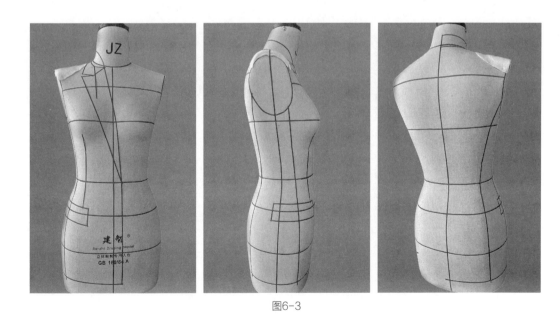

图6-3

（2）将前片坯样的前中线、胸围线、腰围线、臀围线，对准人台的前中线、胸围线、腰围线、臀围线，保证坯样平顺服帖，不紧绷（图6-4）。

（3）在腰节处，将剪口剪至距离前中线2cm处的搭门量上，确定驳领止点。同时沿着驳领翻折线，将坯样在驳领处翻折后推平服帖，确保驳领在胸部附近服帖不起空（图6-5）。

（4）将乳间距暗省及部分胸省转移至领口，形成领口省，同时将领口省捏别，省尖点隐藏至驳领下，并修剪领口弧线及肩线（图6-6）。乳间距暗省转移，实际完成反撇胸结构。

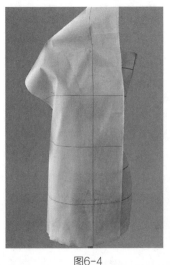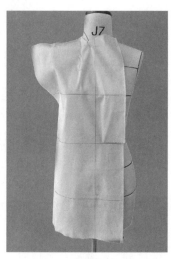

图6-4　　　　　　　　　　图6-5　　　　　　　　　　图6-6

（5）将剩余胸省转移到腋下推平至前腰，形成前腰省。同时，在侧边腰部位置预留空间作为腰部放松量，并用交叉针法固定（图6-7）。

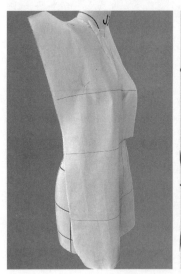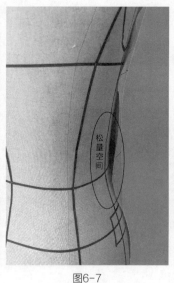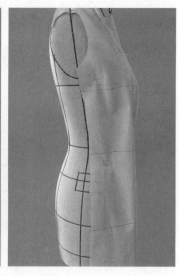

图6-7

（6）沿袋口位上沿横向剪开，在袋口上部将腰省捏合固定，省尖点距离BP点2cm左右，省位距离袋口边沿1.5cm，袋口下沿将褶量推平至侧缝（图6-8）。

（7）将腰省倒向侧缝，用叠别斜插针法固定，调整衣摆造型，并标记出纵向刀背分割线，修剪缝份（图6-9）。

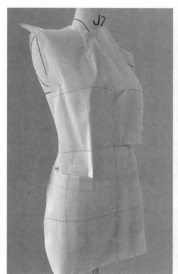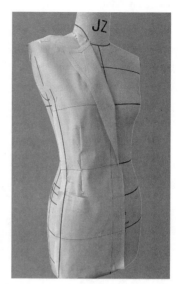

图6-8   图6-9

（8）将侧边裁片的胸围线、腰围线、臀围线对准人台胸围线、腰围线、臀围线，顺着裁片直纱方向，沿着体表往下平推并在腰部预留空间，作为衣身腰部松量（图6-10）。

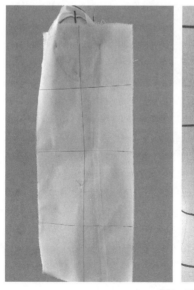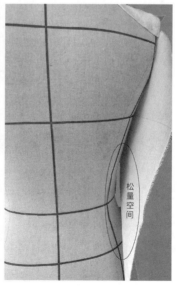

图6-10

（9）整理侧片裁片，保证腰部平顺，调整侧边衣摆造型，将侧边裁片与前片叠别固定，分别进行点影、描线，标记出前、后刀背分割线，完成侧边裁片粗裁（图6-11）。

图6-11

（10）将后片裁片的后中线、胸围线、腰围线、臀围线对准人台的后中线、胸围线、腰围线、臀围线，确保裁片横平、竖直，同时在肩胛骨处预留0.6cm左右的背宽松量，并用交叉针法固定（图6-12）。

（11）顺着裁片纱线，沿着后中体表，从第七颈椎点平推至下摆，在后腰节处收1cm省量（图6-13）。

（12）顺着纱线，从后中线横平、竖直平推至侧颈点，并且从侧颈点沿着肩线平推至肩点，同时将0.3cm的肩省量转移至领口，0.8cm的肩省量预留位后肩线容量，剩余的肩省量转移至袖窿，作为垫肩的厚度量及袖窿的松量（图6-14）。

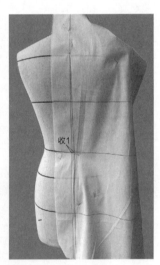

图6-12　　　　　　　　　　图6-13

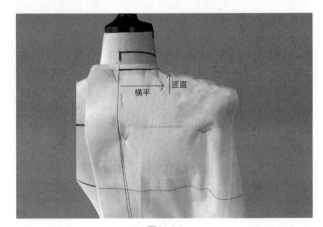

图6-14

（13）将后片裁片腰节整理
平顺，调整下摆衣身造型，用
珠针将后片与侧片叠别固定，
在后腋下预留0.6cm的纵向
容量和2.5cm的横向胸围松量
（图6-15）。

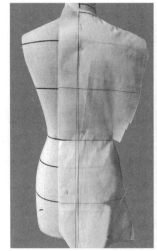

图6-15

（14）将裁片进行点影、描
线，完成裁片结构线平面整理
（图6-16）。

（15）根据裁片平面结构回
样、调整裁片，完成衣身立裁
（图6-17）。

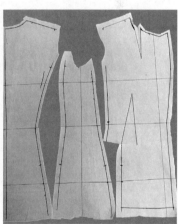

图6-16

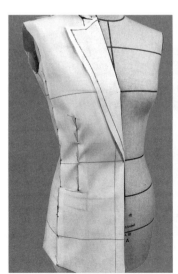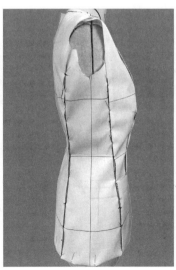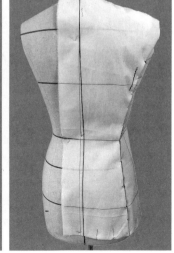

图6-17

（16）量取肩宽为38cm，扣住肩点，向前转动打板尺，保证袖窿截面微微内旋，袖窿底线处前袖窿挖深一点，后袖窿平顺，同时在胸宽与背宽处预留一定量的盖势，保证后袖窿的盖势比前袖窿的盖势多，完成袖窿弧线绘制（图6-18、图6-19）。

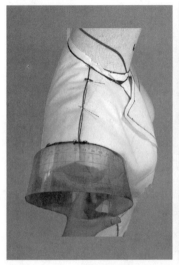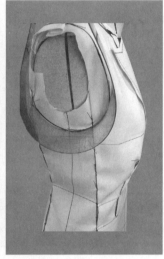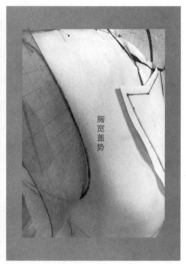

图6-18

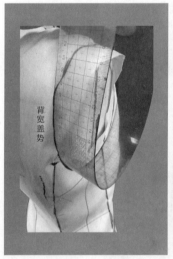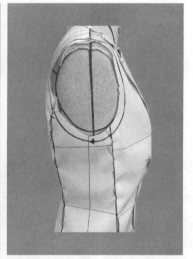

图6-19

（17）匹配衣身袖窿弧线，通过平面制板的方法，完成西服两片袖纸样结构设计，具体制板方法回看第四章第二节平面配袖方法（图6-20）。

（18）用平面配袖的纸样裁出袖子裁片，并将袖山弧线缩缝，将大袖、小袖叠别固定，形成袖筒（图6-21）。

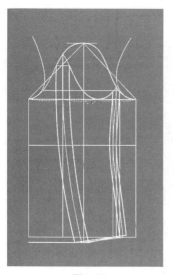
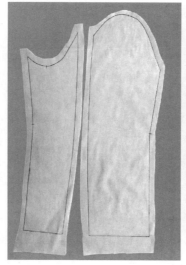
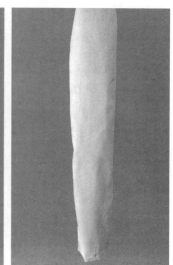

图6-20　　　　　　　　　　　　　　　　图6-21

（19）将完成的袖筒用珠针固定在衣身上，确保袖山容量分配合理，袖子绱袖角度合适，满足手臂上抬的活动量。袖山底、袖窿底弧线吻合一致，外观满足西服袖前势、弯势与扣势的造型要求（图6-22）。

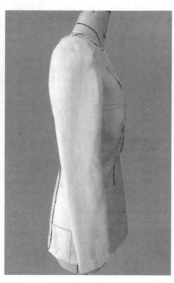
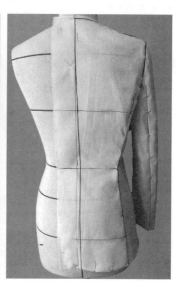

图6-22

（20）在领子裁片上画出7cm宽的翻领。翻领后中心线对齐人台后中线，用交叉针法固定（图6-23）。

（21）将翻领沿3cm领座翻折，调整领座与领面松紧度，使其符合设计造型，在串口线固定翻领和驳领（图6-24）。

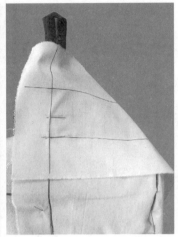
图6-23

图6-24

（22）调整领面外口松量，保证松量均匀，平整无牵扯，外领口线与衣身接触面服帖。之后将翻领立起，调整领窝弧线与翻领下口的关系，保证翻领转折均匀，进行点影、描线（图6-25）。

（23）在平面上完成翻领结构样板，并将翻领回样，观察领子结构是否符合款式造型要求（图6-26）。

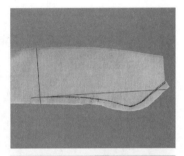

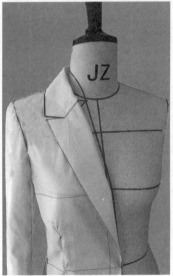

图6-25

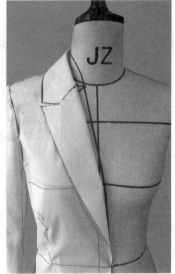
图6-26

（24）将裁片回样，完成三开身女西服半身立裁（图6-27）。

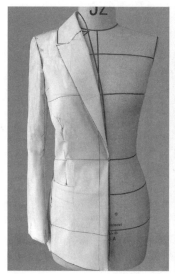

图6-27

五、裁片纸样拾取

通过CAD数字化读图仪，完成三开身女西服立体裁剪裁片纸样拾取（图6-28）。

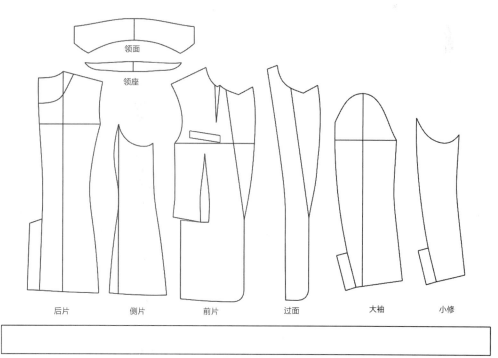

图6-28

第三节　插肩袖连身立领女西服立裁

本节款式为高职组职业院校技能大赛服装设计与工艺赛项比赛题库的款式，款式为四开身X型造型。前衣身插肩袖结构分割，领口到底摆纵向分割，侧腰部与后片相连做弧形分割，前中设置花瓣褶，对襟结构。后衣身插肩袖结构分割，背部和腰部做弧形分割，侧腰部与前片相连做弧形分割。连身立领结构（图6-29）。

图6-29

一、款式规格尺寸

表6-2为插肩袖连身立领女西服规格尺寸表。

表6-2　插肩袖连身立领女西服规格尺寸表　　　　　　单位：cm

名称	后中长	胸围	腰围	腰节	肩宽	袖长	袖肥	袖口围
尺寸	56	91	73	38	37	58	32c	24

二、学习重点

（1）服装放松量与X廓型中胸、腰、臀之间的平衡。

（2）插肩袖绱袖角度与衣身造型及服装松量之间的平衡关系。

（3）插肩袖肩部造型的技术处理。

（4）胸口对褶的技术处理。

三、坯布准备

　　该款式半身需8片裁片，前中线、后中线、袖中线利用坯布的纵向布纹线，胸围线、腰围线、臀围线、袖肥线利用坯布的横向布纹线，并标注布纹直纱方向，裁片尺寸如图6-30所示。

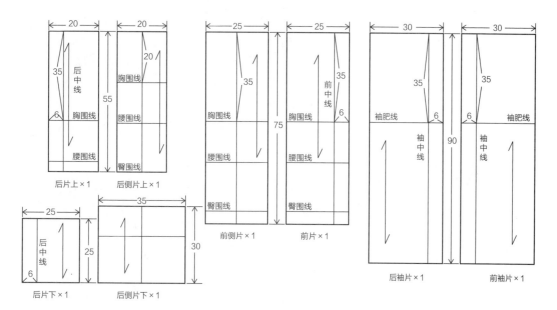

图6-30

四、立体裁剪演示

　　（1）根据款式图造型，完成款式结构标记线正面、侧面、背面的补充（图6-31）。

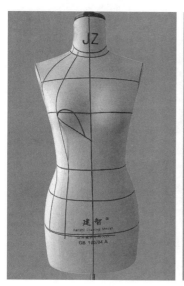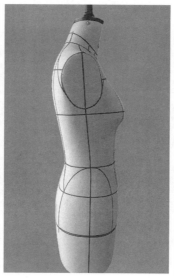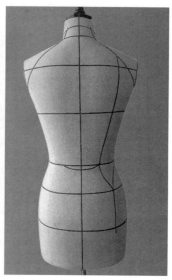

图6-31

（2）将后片裁片的后中线、胸围线、腰围线对准人台的后中线、胸围线、腰围线，保证裁片服帖人台，松紧适中，并根据标记线位置点影后片裁片，修剪裁片缝份（图6-32）。

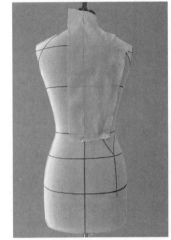

图6-32

（3）将后衣摆裁片的后中线、腰围线对着人台后中线、腰围线，将后中的腰节与衣摆用交叉针法固定（图6-33）。

（4）调整衣摆造型，在后腰节破缝处将后衣摆与后片裁片用斜插针法叠别固定，并修剪裁片缝份（图6-34）。

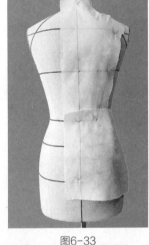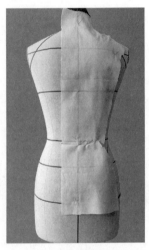

图6-33　　　　　　　图6-34

（5）将后侧片裁片的胸围线、腰围线对准人台的胸围线、腰围线，顺着直纱方向，沿着体表从背宽向腰节推平。在后腋下胸围处预留2.5cm作为衣身胸围松量，根据款式分割线位置，进行后侧片点影、描线，并将后侧片分别与后片、后衣摆片叠别固定，修剪缝份（图6-35）。

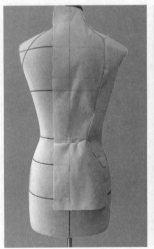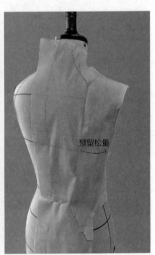

图6-35

（6）将前片裁片的前中线、胸围线、腰围线、臀围线对准人台的前中线、胸围线、腰围线、臀围线，保证裁片横平竖直，松紧适中，并用交叉针法固定（图6-36）。

（7）保持前中褶皱造型以下的前中线垂直，从下摆沿分割线往上修剪缝份至胸围线附近，将腰部推干净，同时以BP点为支撑，根据款式造型，从前中往下压出褶皱（图6-37）。

（8）继续以BP点为支撑点，从前中做出第二个褶皱，形成款式图双褶造型，并修剪裁片缝份，使整体造型松紧适中，没有斜绺，双褶造型饱满自然（图6-38）。

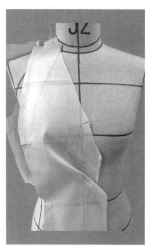

图6-36　　　　　　　　图6-37

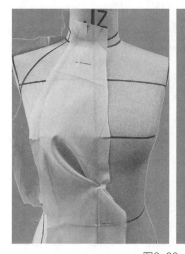

图6-38

（9）将前侧片裁片的胸围线、腰围线、臀围线对准人台的胸围线、腰围线、臀围线。顺着直纱方向，沿着侧边体表从胸宽处向下摆推平，在腰部微微悬空，预留腰部松量，同时在胸围处也预留一定的放松量（图6-39）。

预留0.8cm松量

图6-39

（10）修剪侧缝造型分割线缝份，并将前侧片与后侧片叠别固定（图6-40）。

（11）整理前、后衣片造型，确定整体造型松紧适中，特别是在后腋下胸围处预留足够的放松量作为衣身活动量，确保腰部平顺，不紧绷，没有斜绺（图6-41）。

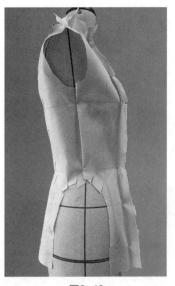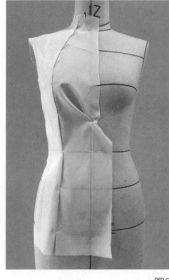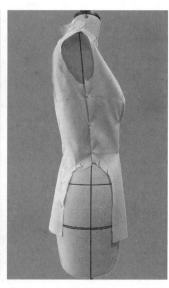

图6-40　　　　　　　　　　　　　　　　　　图6-41

（12）根据款式X廓型造型需要，在前侧片、后侧片的衣摆处预留一定的造型量，并用珠针固定（图6-42）。

（13）将侧边裁片在侧缝分割处固定，并打剪口（图6-43）。

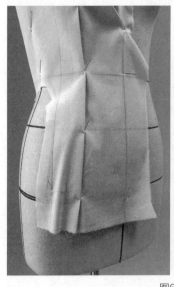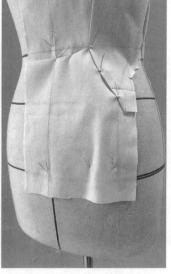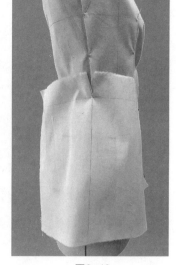

图6-42　　　　　　　　　　　　　　　　　　图6-43

（14）从侧缝往前沿着分割线平推，做出侧边起翘的造型，并用珠针固定。同时，从侧缝沿着分割线往后平推，同样做出造型，用珠针固定（图6-44）。

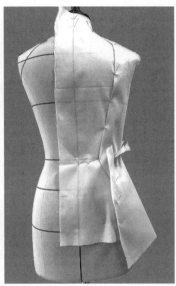

图6-44

（15）沿分割线修剪缝份，进行点影、描线，并将侧片分别叠别在后片、后侧片、前侧片、前片上。同时，将下摆折光边，用珠针固定（图6-45）。

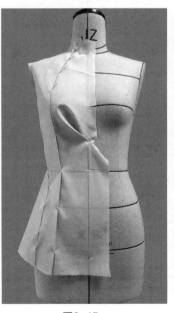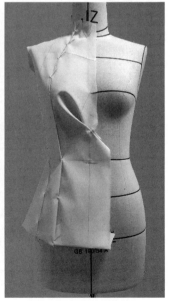

图6-45

（16）根据服装款式造型，确定后领座为3.5cm，前领座为1.5cm的连身立领，用打板尺扣压立领上口弧线，修顺（图6-46）。

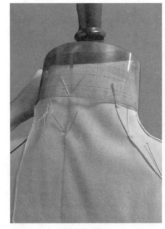

图6-46

（17）将修顺完成的上领口弧线折光边，用珠针固定（图6-47）。

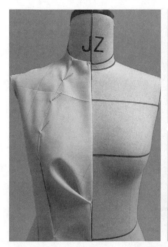

图6-47

（18）整理衣身立裁，并折光边，用珠针斜插固定（图6-48）。

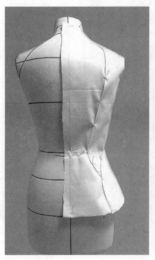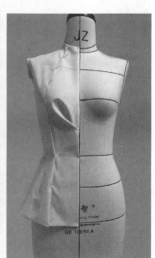

图6-48

（19）从肩缝在连身立领上领口弧线上往前中方向量3cm，往后中方向量4.5cm，过前、后腋点至侧缝胸围线上1cm处，分别标记出前、后插肩袖分割线（图6-49）。

图6-49

（20）将裁出的前、后插肩袖裁片，从上边沿向下量35cm为袖肥线，外边沿向内6cm为袖中缝线，为了确保成衣袖中线前甩效果，分别在前、后袖片的原袖中线做3cm的偏移。同时，将新袖中线叠别，袖肥线以上部分捏别，并固定于手臂上（图6-50）。

图6-50

（21）将手臂固定于人台上，确保手臂的前势、弯势满足服装的造型需要，将袖片别在手臂上，抬高手臂，上抬角度为45°（图6-51）。

（22）在衣身裁片上将前、后腋点分别标记在衣身胸宽、背宽处，将袖片推干净，预留一定的松量，并将袖片在衣身的前、后腋点处用珠针固定（图6-52）。

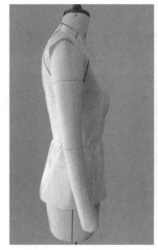
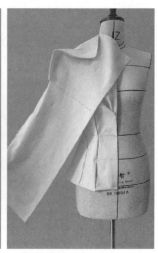

图6-51

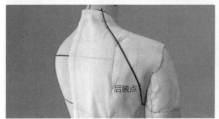

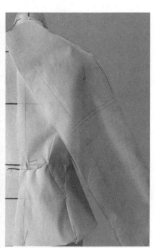

图6-52

（23）在袖子裁片上，分别将剪口剪至前、后腋点处。同时，从前腋点至领口、后腋点至领口将袖片推平，在后肩胛骨位置预留0.5cm左右容量，并将前、后肩缝抓合捏别，用珠针固定（图6-53）。

图6-53

（24）在前、后腋点处，将袖山底线与袖窿底线抓合捏别，提拉袖子内侧缝，确定袖子与袖窿在腋下干净无余量，并用珠针捏别固定（图6-54）。

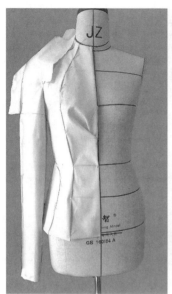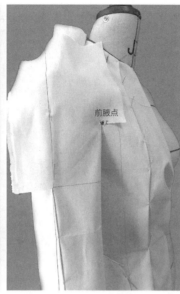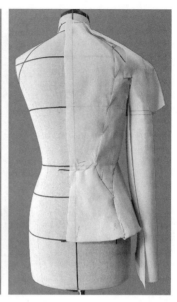

图6-54

（25）将完成的插肩袖立裁进行点影、描线，并在平面上修正袖子裁片的结构线，从裁片中可以看出，由于袖子合体，后袖山比前袖山下降1cm左右（图6-55）。

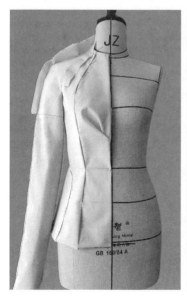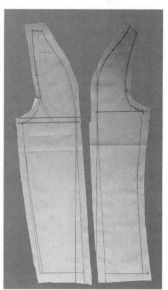

图6-55

（26）将平面整理完的袖子叠别，并在人台上回样、整理，完成款式半身立裁（图6-56）。

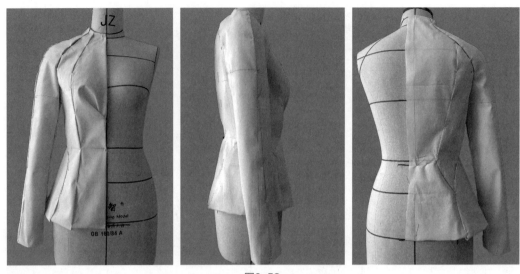

图6-56

五、立裁裁片纸样拾取

通过CAD数字化读图仪，完成四开身插肩袖连身立领女西服立体裁剪裁片纸样拾取（图6-57）。

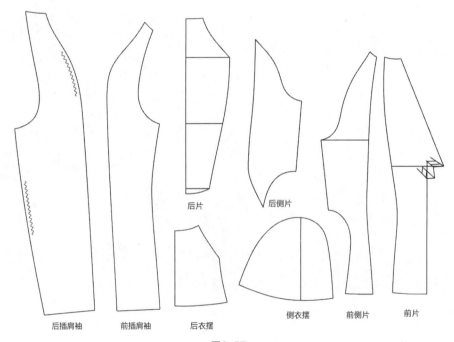

图6-57

第四节　麦昆玫瑰袖女西服立裁

本节款式为亚历山大·麦昆（Alexander McQueen）2019年秋冬高级成衣巴黎时装周发布秀的作品。款式为戗驳领、单排一粒扣三开身结构，腰节横向有破缝。腰线以下不收省道，同时有袋盖双嵌线挖袋。腰线以上前片收腰省，后片刀背分割。一片袖，袖山做玫瑰花朵立体造型（图6-58）。

图6-58

一、款式规格尺寸

表6-3为麦昆女西服规格尺寸表。

表6-3　麦昆女西服规格尺寸表　　　　　　　　　　　单位：cm

名称	后中长	胸围	腰围	肩宽	腰节	袖长	袖口围
尺寸	66	92	73	36.5	38	58	23

二、学习重点

（1）胸省的分散转移与撇胸的运用。

（2）三开身款式的分割技巧。

（3）玫瑰花朵袖的立裁技术运用。

三、坯布准备

该款式半身需7片裁片，前中线、后中线、袖中线利用坯布的纵向布纹，胸围线、腰围线、臀围线、袖肥线利用坯布的横向布纹，并标注布纹直纱方向，裁片尺寸如图6-59所示。

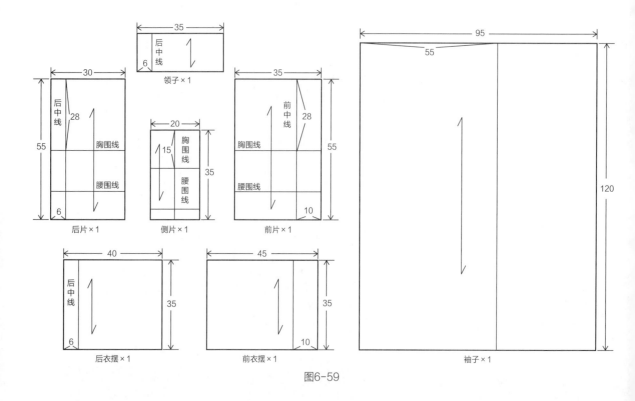

图6-59

四、立体裁剪演示

（1）根据款式图造型，完成款式结构标记线正面、侧面、背面的补充（图6-60）。

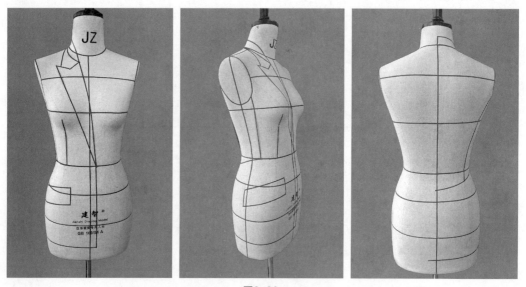

图6-60

（2）将前片裁片的前中线、胸围线、腰围线对准人台的前中线、胸围线、腰围线，保证裁片横平竖直，松紧适中（图6-61）。

（3）在腰节处将剪口剪至驳领起点（翻折线起点）处，并沿着翻折线将驳领翻折。要保证驳领服帖于人台，在乳间收一定的暗省，形成反撇胸（图6-62）。也可将部分胸省转移至胸口，形成撇胸，但驳领须做工艺归拢处理。

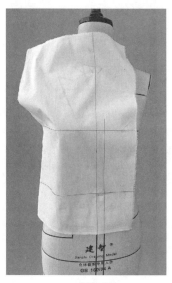

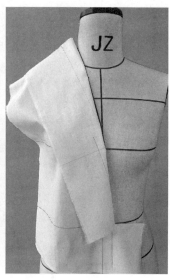

图6-61　　　　　　　　　　　　　　　　　图6-62

（4）将部分的乳间暗省、胸省转移至腰下，形成腰省，修剪腰节线缝份，并在胸围线上预留一部分松量，用交叉针法在侧缝固定（图6-63）。

（5）将腰省捏别，省道位于BP点垂直向下点再往侧缝偏移1cm，省尖点在胸围下2cm。修剪腰部、侧缝缝份，并标记前片裁片的侧缝线（图6-64）。

（6）将侧片裁片的胸围线、腰围线对着人台胸围线、腰围线，沿着人台侧缝线，顺着纱线方向从胸围线往下推平至腰围线，在胸围、腰围处预留

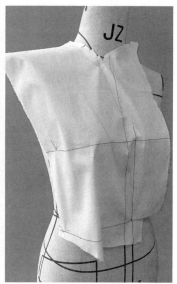

图6-63

一定的空间作为松量，并用交叉针法固定（图6-65）。

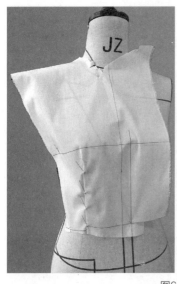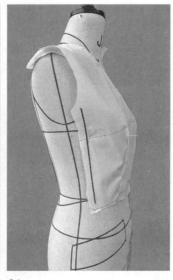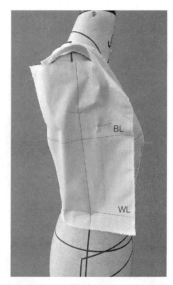

图6-64 图6-65

（7）将侧片裁片的前侧缝与前片的刀背分割线扣压叠别，用珠针固定。同时，在后腋下胸围处预留2.5cm左右余量作为衣身的放松量，并标记侧片的刀背分割线（图6-66）。

（8）将后片裁片的后中线、胸围线、腰围线，对准人台的后中线、胸围线、腰围线等基准线。沿背宽线从后中线向袖窿横平推顺，并预留0.6cm左右松量作为肩胛骨活动量（图6-67）。

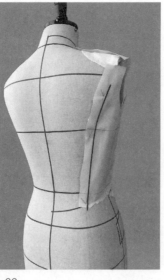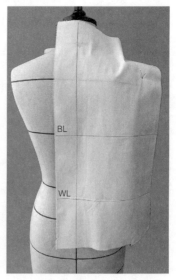

图6-66 图6-67

（9）在后中收1cm后腰省量，将后片腰部松量收净，裁片胸围线、腰围线对着侧片裁片的胸围线、腰围线，用珠针将刀背破缝线叠别固定，并修剪刀背线、腰节分割线缝份（图6-68）。

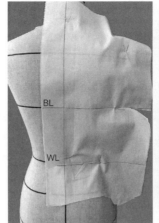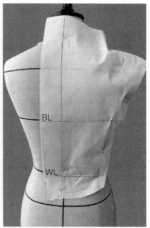

图6-68

（10）从后中至侧颈点横平竖直平推干净，将0.3cm肩省量转移至后领口。0.8cm的肩省量作为后肩线的容量，余下的肩省量转移至袖窿，作为垫肩的抬高量与袖窿的活动松量（图6-69）。

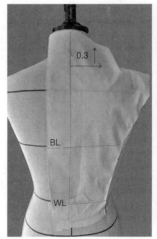

图6-69

（11）将后肩线点影、描线，并与前肩线扣压叠别，用珠针固定。同时，画出前、后领窝线（图6-70）。

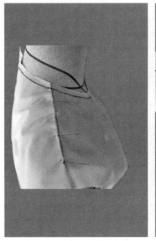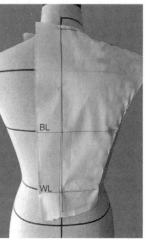

图6-70

（12）从第七颈椎点至肩线量出肩宽18cm确定肩点，用打板尺扣紧肩点，让袖窿截面微微往前内旋，画出肩点处的袖窿线（图6-71）。

（13）在胸围线附近用打板尺扣紧袖窿底，并且在胸宽、背宽处预留一定的盖势作为胸宽、背宽的活动量，背宽的盖势大于胸宽的盖势（图6-72）。

（14）将袖窿弧线修顺，并保证袖窿松紧适中，袖窿一周圈与人台体表有1cm的活动空间（图6-73）。

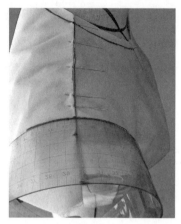

图6-71

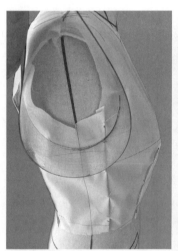

图6-72

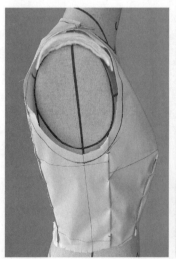
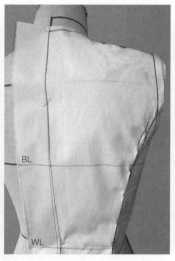
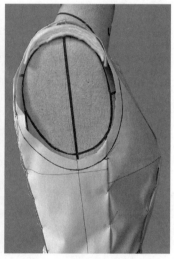

图6-73

（15）沿翻折线翻折驳领，确定领面宽为7.5cm，标记串口线、领角的结构线，确定驳领整体造型（图6-74）。

（16）将前片下摆裁片的前中线、腰围线、臀围线对准人台的前中线、腰围线、臀围线（图6-75）。

（17）沿着前腰围线，把前下摆裁片的臀、腰差量转移至衣摆，控制腰、臀造型，修剪腰线与侧缝线缝份，并将衣片用珠针固定（图6-76）。

 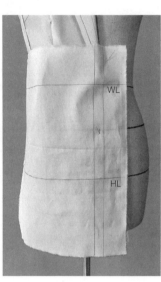 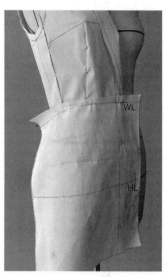

图6-74　　　　　　　　　图6-75　　　　　　　　　图6-76

（18）将后片下摆裁片的后中线、腰围线、臀围线对准人台的后中线、腰围线、臀围线。并沿着后腰节分割线，将臀腰差量转移至下摆，使服装腰臀造型符合款式特点需要，用珠针将衣片固定（图6-77）。

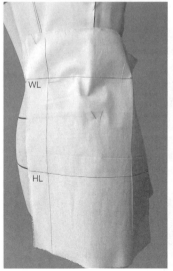 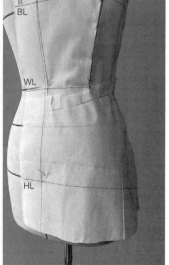

图6-77

（19）将前、后下摆衣片点影、描线，得到纸样裁片，并将裁片折光边叠别于衣身上。同时，量出后中长68cm，将下摆水平折光边固定（图6-78）。

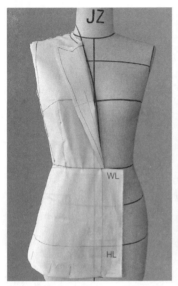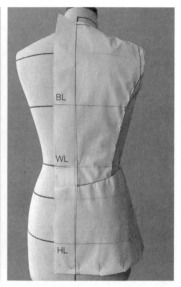

图6-78

（20）裁出宽20cm，长25cm的翻领裁片，并标记出7.5cm的翻领宽。将裁片的后中线、翻领的下领口线对准衣身的后中线与后领窝线（图6-79）。

（21）将7.5cm翻领沿3cm领座翻折，调整领座与领面松紧度，使其符合设计造型，在串口线固定翻领和驳领。然后将翻领立起，调整领窝弧线与翻领下口的关系，保证翻领转折均匀，并进行点影、描线（图6-80）。

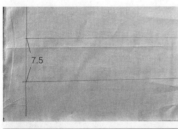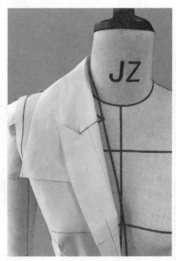

图6-79　　　　　　　　　　　　　　　　图6-80

（22）调整领面外口松量，保证松量均匀，平整无牵扯，外领口线与衣身接触面服帖。
完成翻领结构制作，并将翻领回样，使领子结构符合款式造型需要（图6-81）。

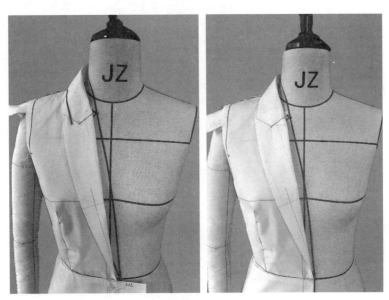

图6-81

（23）将手臂固定于人台上，调整手臂的前势和弯势（图6-82）。

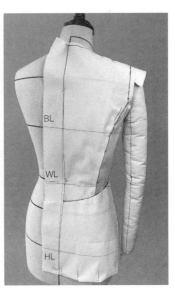

图6-82

（24）画出袖子的经纱线和
纬纱线，并将袖子固定于手臂上
（图6-83）。

（25）往外提拉袖片，形
成下小、上大的锥形造型，并
分别在前腋点、后腋点固定
（图6-84）。

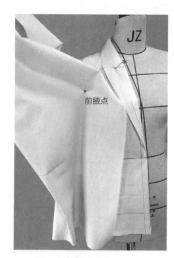

图6-83　　　　　　　　　　图6-84

（26）将剪口分别剪至前、
后腋点，把袖山底部分往侧缝扣
转，袖子的破缝线定于后侧处。
同时在前、后腋点往肩点方向做
环形褶（图6-85）。

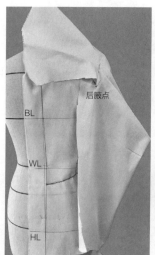
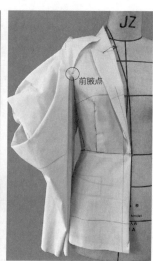

图6-85

（27）根据款式造型，重复
图6-85操作步骤，粗裁出四个环
褶造型，并在袖山往前袖折三个
褶皱，修剪多余缝份（图6-86）。

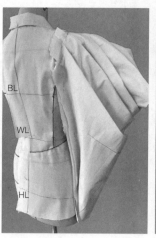

图6-86

（28）根据款式图特点，调整、整理袖子褶皱造型，做好对位点标记，完成袖子的点影、描线（图6-87）。

图6-87

（29）在平面上整理袖子，折光边叠别，与衣身袖窿固定，使袖子造型美观，符合人体运动工学原理（图6-88）。

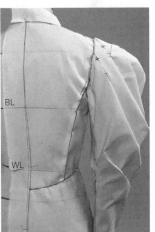

图6-88

（30）完成款式半身立裁（图6-89）。

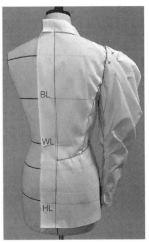

图6-89

五、立裁裁片纸样拾取

通过CAD数字化读图仪，完成麦昆女西服立体裁剪裁片纸样拾取（图6-90）。

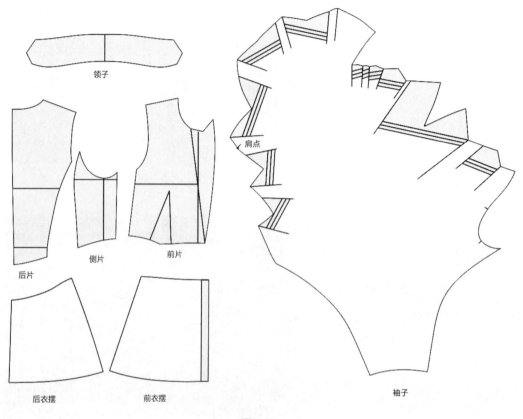

领子

后片　　侧片　　前片

肩点

后衣摆　　前衣摆　　袖子

图6-90

第七章
女大衣立体裁剪

第一节　大衣概述

　　大衣或外套最早在波斯帝国遗址的壁画中被发现，直到14～15世纪才开始在欧洲流行。当时的款型比较简单，女性外出或参加社交活动，在衣服外面穿的外套多是披风或斗篷。披风的袖子似羽翅一样展开，又称"羽袖大衣"，是女大衣的最初款型。直到19世纪初期，翻领西式外套的流行使得大衣基本定型。现在流行的女大衣主要款式，是在第一次世界大战后，套装普及之后形成的，服装款型结构简化。最初的大衣主要用来保暖，后来用于显示身份，出现在社交场合。

　　外套和大衣从发展、功能及装饰美等方面划分，基本上分为三大类：

　　披风：早期的外套或大衣，包括披风、斗篷、羽袖外套等。特征是无袖孔，衣身完全遮盖肩和手臂的钟型外衣，可作外出和礼仪套装。

　　风雨衣、风衣：又称"堑壕外套"，附有腰带，是一种具有防风、防尘、防雨和装饰美功能（多为插肩袖）的女装外套，是外套生活化、时装化、礼仪化派生的品类。

　　大衣：是外套的主要品类。特别是第一次世界大战后，服装简化，套装普及之后广泛流行的一种品类，是保暖、显示身份及外出等不可缺少的服饰。

一、女大衣造型结构特征

　　款式造型不但反映大衣的风格、品位，也是表达女性曲线美的主要手段。各种大衣的外观廓型概括有四种：

　　（1）H型，也称直筒型。衣身不做收腰设计，使廓型呈直线形。如果在保持直线廓型的基础上使围度的整体松度增大，就成了较宽松的桶形大衣，一般为中大衣及运动大衣的造型。

（2）X型，也称自然型。收腰展下摆，多采用纵向分割线结构，使大衣符合女性人体自然的曲线美。一般女性礼服大衣多采用X造型。

（3）Y型，也称倒梯型。可在直桶型的基础上稍加大肩部和胸部松度，使上身体量增大，同时收下摆。时装外套、仿男性体型外套，多采用Y型外观廓型。

（4）A型，也称帐篷型、正梯型。这种大衣具有上紧下松的风格。胸部以上保持合体廓型，胸部以下直至下摆稍加宽，分为小A型和大A型。一般用于风衣和披风外套。

二、外套和大衣款式特征

大衣和外套除夏季的款式外，大多采用较厚的呢绒面料。款式造型较简洁，多采用最基本的结构设计形式。

（1）搭门结构。

单排扣搭门，是大衣、外套应用最普遍的搭门结构，一般为2~2.5cm宽。在单排扣搭门的基础上可以做成纽扣式、暗门襟式或无扣式。

双排扣搭门，是加装了一排装饰扣搭门的式样，多在较正式的双排扣礼仪大衣中采用。

无搭门，属于门襟对接的款式，多在短外套中采用。

（2）衣袖结构：大衣、外套的衣袖，在注重审美的基础上，更强调其利于防风、保暖等功能。一般多采用插肩袖、连身袖、覆肩袖、圆装袖等。

（3）衣领结构：大衣、外套的衣领结构与套装基本相同。有区别的是，因大衣、外套是穿在套装外面，领口尺寸需加大并与大衣的长度、宽度相协调，领子的宽度也相应加大。由于防风、防寒需要，也常采用连衣帽设计，放下来似披肩领，拉起来成为连衣帽，功能性较强。

（4）衣袋结构：具有装饰性和功能性相结合的特点。衣袋形式、色彩的变化与大衣的衣领、衣摆相协调。

第二节　前连袖后插肩大衣立裁

本节款式为校企合作企业秋冬产品订货会发布作品。款式为X廓型，三开身、单排扣、三片袖结构。前衣身为连身袖结构，暗门襟五粒扣、腰节下设计两个斜挖袋；后衣身为插肩袖结构，设计有后披风结构，后衣长至膝围，且后中开衩；腋下袖片与侧片匹配，分体翻立领结构设计（图7-1）。

图7-1

一、款式规格尺寸

表7-1为前连袖后插肩大衣规格尺寸表。

表7-1　前连袖后插肩大衣规格尺寸表　　　　　单位：cm

名称	后中长	胸围	腰围	腰节	肩宽	袖长	袖口围	领面	领座
尺寸	102	96	90	38	39	60	32	4.5	3

二、学习重点

（1）X型廓型体量设计的原则。

（2）连身袖绱袖角度与服装功能性活动量的关系。

（3）插肩袖绱袖角度与服装功能性活动量的关系。

（4）怎样做到满足肩部最大包容性的同时不起空角。

三、坯布准备

该款式半身需7片裁片，前中线、后中线、袖中线利用坯布的纵向布纹线，胸围线、腰围线、臀围线、袖肥线利用坯布的横向布纹线，并标注布纹直纱方向，裁片尺寸如图7-2所示。

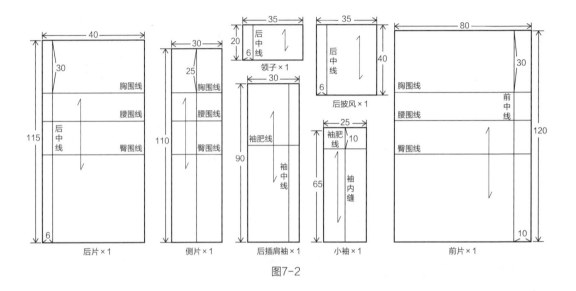

图7-2

四、立体裁剪演示

（1）根据款式图造型，完成款式结构标记线正面、侧面、背面的补充（图7-3）。

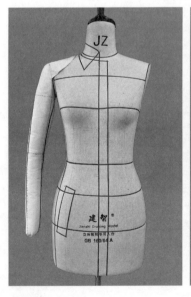
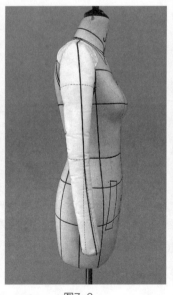
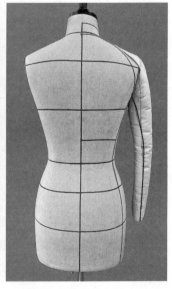

图7-3

（2）将前片裁片的前中线、胸围线、腰围线、臀围线对准人台的前中线、胸围线、腰围线、臀围线，保证裁片平服，并用交叉针法固定（图7-4）。

（3）沿裁片从前中至侧颈点横平竖直将前领窝推平服，修剪缝份。同时，上抬手臂，使手臂上抬高度45°左右，并沿胸围线从BP点至胸宽推平，预留1cm胸宽盖势，用直插针法在前腋点固定（图7-5）。

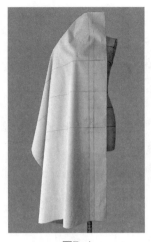 

图7-4　　　　　　　　　图7-5

（4）根据款式图标记线位置，修剪前片衣身侧缝与连身袖内侧缝的缝份，并用标记线标记。同时，修剪肩线、袖中线缝份，用标记线标记，完成前衣片立裁（图7-6）。

 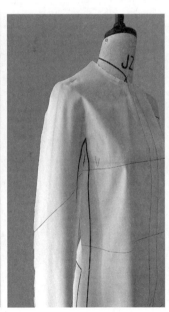 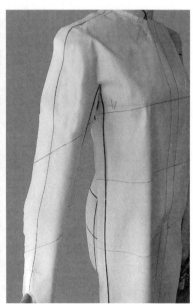

图7-6

（5）将后片裁片的后中线、胸围线、腰围线、臀围线对准人台的后中线、胸围线、腰围线、臀围线。同时，在背宽处预留0.8cm左右活动量，腰节处预留腰部松量，并用交叉针法固定（图7-7）。

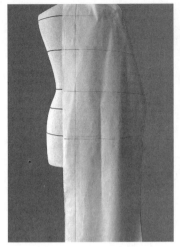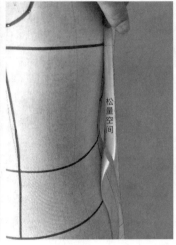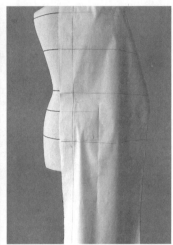

图7-7

（6）根据款式分割线，在后
片裁片中用标记线将分割线标记
出来，并在插肩袖破缝肩胛骨处
预留0.6~0.8cm作为肩胛骨曲面
容量，在胸围处预留2~3cm的活
动量（图7-8）。

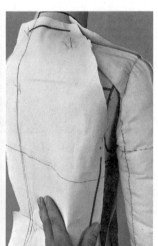

图7-8

（7）将侧片裁片的胸围线、
腰围线、臀围线对准人台的胸围
线、腰围线、臀围线，顺着直纱
方向沿着侧缝，从腋下过腰节至
下摆推平服，并在腰节处预留腰
部松量，修剪缝份，用珠针固定
（图7-9）。

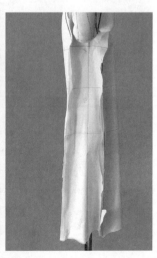

图7-9

（8）沿分割线，将侧片裁片
分别与前、后裁片捏别固定，完
成侧片裁片分割线的点影、描线，
并做好对位点标记（图7-10）。

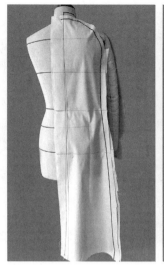

图7-10

（9）将衣身裁片做好对位标记，在平面上整理干净，完成衣身平面结构，并在人台上
回样，确保衣身平衡、整体造型美观（图7-11）。

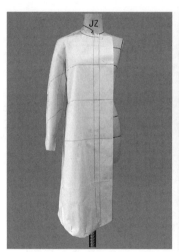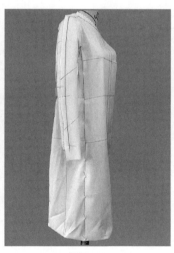

图7-11

（10）将后片披风裁片的后中线、背宽线、胸围线，对准人台的后中线、背宽线及胸
围线，使披风裁片与衣身服帖、不紧绷（图7-12）。

（11）将披风的肩省量转移至下摆，沿衣身分割线推平至胸围线下8.5cm，在分割线
上固定，使披风整体造型在背宽线以下呈正梯型结构，并将下摆折光边，完成衣身立裁
（图7-13）。

图7-12　　　　　　　　　　　　　　　图7-13

（12）将后片插肩袖裁片固定于手臂上，上抬手臂高度至与水平垂直面夹角45°，将袖子与衣身在后腋点处固定，并将插肩袖的肩线、袖中缝与前连身袖片捏别固定。同时，用标记线标记插肩袖后内侧缝线（图7-14）。

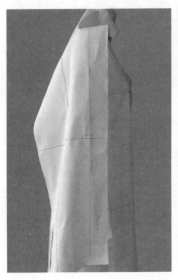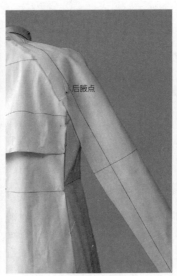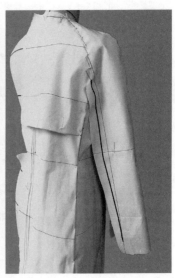

后腋点

图7-14

（13）将小袖裁片顺着袖窿底与侧片抓合固定，提拉小袖前、后腋点分割线，使小袖袖山底形成兜量，沿袖窿底线将小袖固定，得到袖山底线（图7-15）。

（14）将小袖裁片分别与前连身袖，后插肩袖的分割线抓合、固定。根据分割线的位置，点影、描线小袖裁片的前、后分割线，并做好对位点标记（图7-16）。

图7-15　　　　　　　　　图7-16

（15）平面整理、完善小袖裁片结构线，并将小袖回样。调整袖子造型，使袖子具有前势、弯势以及扣势的造型，且满足手臂上抬及前摆的活动量（图7-17）。

图7-17

（16）将领子裁片的后中线对准人台的后中线，沿4cm领座翻折，调整领座与领面松紧度，使其符合设计造型（图7-18）。

图7-18

（17）打开翻领，沿着领窝弧线，将领样绕往侧颈，剪开下口毛边，同时兼顾调节领样上口空隙，将领样下口与领口圆顺接合到装领止点，整体立领造型在后中贴脖，侧颈点上口与脖子之间有1.5cm的空间，前中翻领上口贴脖平服，根据领子造型修剪外领口线并折光边，完成领子立裁（图7-19）。

图7-19

（18）完成款式半身立裁（图7-20）。

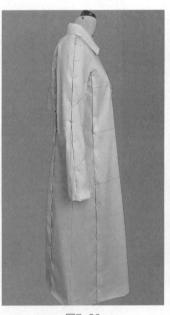

图7-20

五、裁片纸样拾取

通过CAD数字化读图仪，完成前连袖后插肩大衣款式立体裁剪裁片纸样拾取（图7-21）。

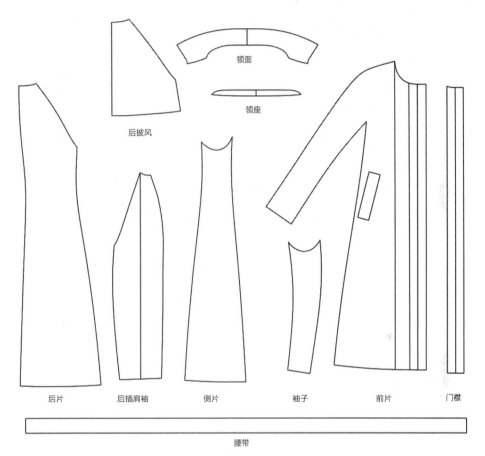

图7-21

第三节　落肩袖大衣立裁

　　本节款式为校企合作企业秋冬产品订货会发布产品。款式为X廓型，四开身、单排扣、落肩袖结构。前衣身公主线分割，直通至衣摆，前中暗门襟七粒扣，同时右门襟有四粒装饰扣，前侧片收一个腰省。后衣身后中分割至衣摆，同时收肩省及腰省。腰节以上，从前公主线至后中设有披风结构设计。落肩袖结构，袖口处设有装饰褶，并配有一粒装饰扣。中式立领结构设计（图7-22）。

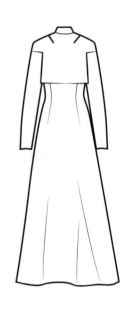

图7-22

一、款式规格尺寸

　　表7-2为落肩袖大衣规格尺寸表。

表7-2　落肩袖大衣规格尺寸表　　　　　　　　　　单位：cm

名称	后中长	胸围	腰围	腰节	肩宽	袖长	袖口围	领座
尺寸	120	96	80	37	38	60	32.5	4.5

二、学习重点

　　（1）X廓型胸、腰与衣摆关系的处理。

　　（2）落肩袖前后盖势的处理。

　　（3）合体状态下，胸围与袖肥以及绱袖角度之间的平衡关系。

三、坯布准备

　　该款式半身需7片裁片，前中线、后中线、袖中线利用坯布的纵向布纹线，胸围线、腰围线、臀围线、袖肥线利用坯布的横向布纹线，并标注布纹直纱方向，裁片尺寸如图7-23所示。

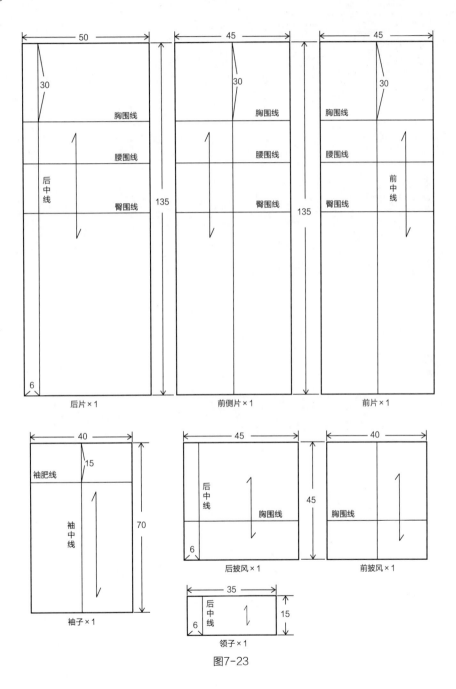

图7-23

四、立体裁剪演示

（1）根据款式图造型，完成款式结构标记线正面、侧面、背面的补充（图7-24）。

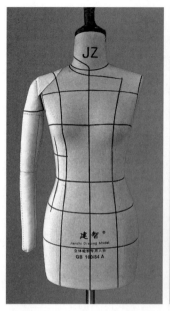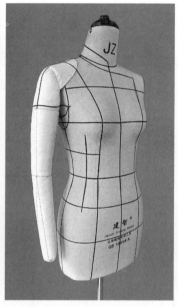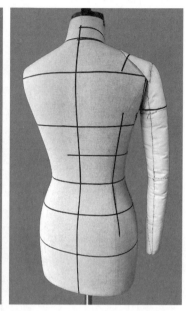

图7-24

（2）前片裁片的前中线、胸围线、腰围线、臀围线对准人台的前中线、胸围线、腰围线、臀围线，横平竖直推平服前领窝线，并修剪缝份（图7-25）。

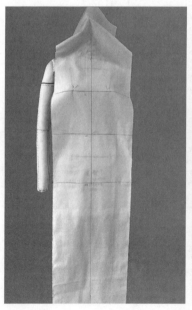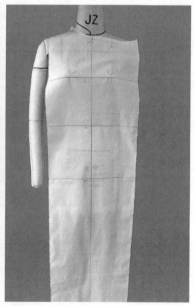

图7-25

（3）沿着公主线将前片裁片推平，修剪缝份。同时，根据款式分割线在裁片上将前衣片结构线标记出来，完成前片裁片粗裁（图7-26）。

图7-26

（4）将前侧片的胸围线、腰围线、臀围线对准人台的胸围线、腰围线、臀围线。同时沿着直纱方向，从胸宽线位置向下摆推平，并在腰部预留松量空间（图7-27）。

图7-27

（5）沿公主线修剪前侧片缝份，在胸宽处捏出一定的胸宽盖势作为落肩袖手臂上抬的活动量，用交叉针法固定，并将前侧片与前片在公主线破缝处叠别（图7-28）。

图7-28

（6）抬高手臂，确定落肩袖的上抬角度，固定袖中缝，修剪缝份。同时，将落肩袖缝份剪至胸宽处，用交叉针固定，并捏别1.5cm左右的侧片腰省（图7-29）。

（7）标记前侧片的袖中缝、落肩袖的袖口、袖窿弧线及侧缝线，并修剪裁片缝份（图7-30）。

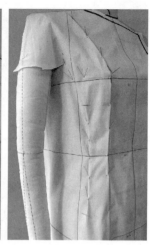

图7-29

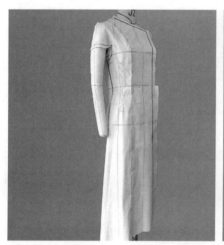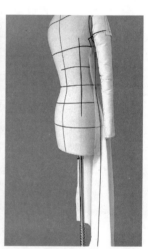

图7-30

（8）将后片裁片的后中线、胸围线、腰围线、臀围线对准人台的后中线、胸围线、腰围线、臀围线，同时在后中腰节处收1cm后腰省，并在背宽处预留0.6cm松量，用交叉针法固定（图7-31）。

（9）将后领口推平，修剪领窝、肩线缝份。在1/2肩线往侧颈点1.5cm处捏别肩省，并把肩缝推平顺（图7-32）。

图7-31　　　　　　　图7-32

（10）抬高手臂，确定后片落肩袖上抬角度，固定袖中缝，修剪缝份。同时，将落肩袖缝份剪至背宽处，交叉针固定（图7-33）。

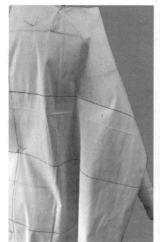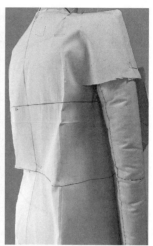

图7-33

（11）将后片落肩袖推干净，在背宽处预留满足手臂活动的盖势。捏别后片腰省（省量3cm），后腋下预留胸围松量，并将前、后片侧缝叠别固定（图7-34）。

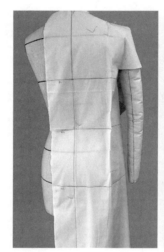

图7-34

（12）整理后片裁片，将前后肩缝、后腰省以及后侧缝叠别，同时把领窝线修顺标记出来（图7-35）。

图7-35

（13）将前片披风的胸围线
对准人台的胸围线，沿着直纱方
向从胸围至腰部将披风裁片推
平，在胸宽处预留满足手臂抬高
以及人体活动的盖势。同时，
披风下摆预留松量，沿公主线、肩
缝修剪缝份，并进行点影、描线
（图7-36）。

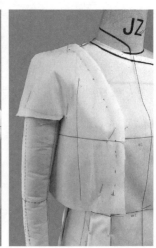

图7-36

（14）整理前片披风，确保
松紧适中，沿分割线分别在公
主线、肩缝扣压叠别，并将袖
窿分割线标记出来，在侧缝固定
（图7-37）。

图7-37

（15）将后片披风的后中
线、胸围线对准人台的后中
线、胸围线。在背宽处预留0.7cm左
右松量，同时在背宽处预留满
足手臂上抬、前屈活动量的盖
势，并在1/2肩线位置捏别肩省
（图7-38）。

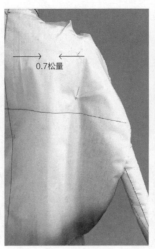

0.7松量

肩省

图7-38

（16）将后片披风的肩省、肩缝扣压叠别，画出后袖窿线，并把前、后裁片侧缝叠别固定，确保后片披风形成梯型造型（图7-39）。

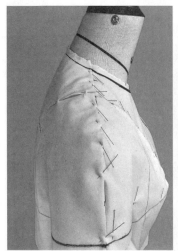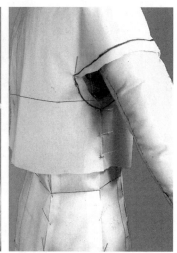

图7-39

（17）将前、后披风整理平顺，并将披风下摆折光边固定（图7-40）。

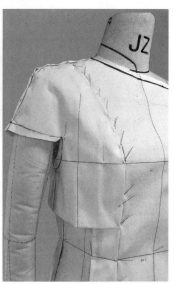

图7-40

（18）将袖子裁片的袖中线、袖肘线对准手臂的袖中线与肘位线。同时，推顺袖片与落肩袖袖山分别在前后腋点处固定，使袖子造型整体前甩（图7-41）。

图7-41

（19）修剪袖山缝份，缝份
剪至前、后腋点处，将前、后袖
山底线转至腋下，抓合袖山底线
与袖窿底线，叠别袖子内侧缝，
并进行点影、描线（图7-42）。

图7-42

（20）将袖子裁片在平面
上整理，画出相应的结构线，
并将袖子回样与衣身叠别固定
（图7-43）。

图7-43

（21）整理袖子造型，满足手臂上抬、前屈的必要活动量以及袖子前势、弯势的外观造型，完成袖子立裁（图7-44）。

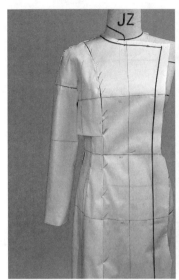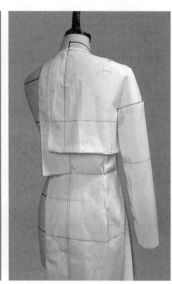

图7-44

（22）将领宽挖宽1cm，前领深下降1.5cm，修顺领窝弧线，并画出3.5cm宽的领子裁片（图7-45）。

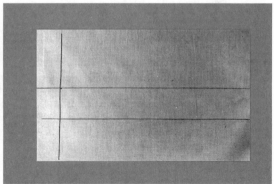

图7-45

（23）将领子的中线对着人台后中线，沿领窝弧线将领座领底线对准衣身领窝线（图7-46）。

（24）沿着领窝弧线，将领样绕往侧颈，剪开下口毛边，同时兼顾调节领样上口空隙，将领样下口与领口圆顺接合到装领止点线，整体立领造型在后中贴脖，侧颈点上口与脖子之间留有1cm的空间，前中立领上口贴脖平服（图7-47）。

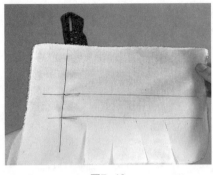
图7-46

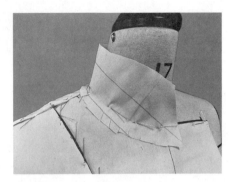
图7-47

（25）标记领子上口弧线，将立领造型进行点影、描线，并在平面上画出立领结构线（图7-48）。

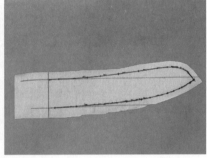
图7-48

（26）将完成的立领结构进行回样、整理（图7-49）。

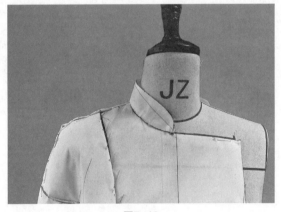
图7-49

（27）完成款式半身立裁（图7-50）。

图7-50

五、裁片纸样拾取

通过CAD数字化读图仪，完成落肩袖大衣款式立体裁剪裁片纸样拾取（图7-51）。

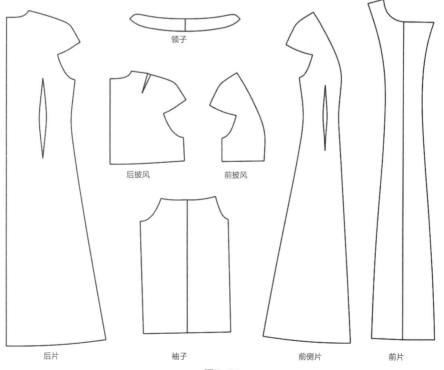

图7-51

第四节   迪奥连身袖大衣立裁

本节款式为迪奥（Dior）经典连身袖大衣，三开身、双排扣翻立领结构。前、后衣身公主线分割至中腰围，并作横向分割直通侧缝，且在前、后中腰围分割线上做五个对褶。侧衣片连身袖结构与侧片缝合至中腰围破缝处，并做装饰袋盖，同时袖口做翻折装饰（图7-52）。

图7-52

一、款式图及规格尺寸

表7-3为迪奥连身袖大衣规格尺寸表。

表7-3   迪奥连身袖大衣规格尺寸表   单位：cm

名称	后中长	胸围	腰围	袖长	摆围	肩宽	领座	腰节	袖口围
尺寸	116	94	70	58	350	38	9.5	37	25

二、学习重点

（1）X廓型中，胸围、腰围、摆围的体量关系。

（2）胸省、肩省的分散转移。

（3）插片与胸围、袖肥、袖子绱袖角度之间的关系。

三、坯布准备

该款式半身需9片裁片，前中线、后中线、袖中线利用坯布的纵向布纹线，胸围线、腰围线、臀围线、袖肥线利用坯布的横向布纹线，并标注布纹直纱方向，裁片尺寸如图7-53所示。

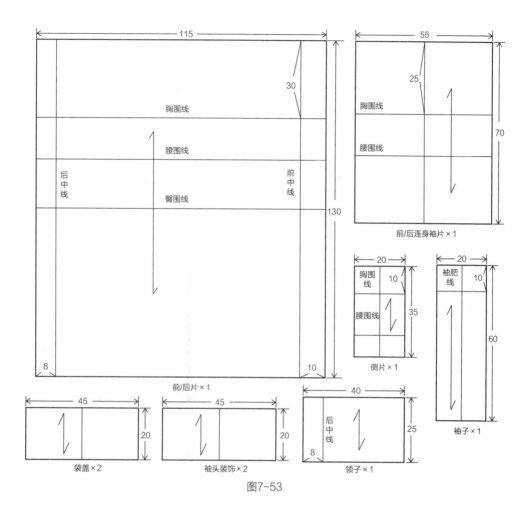

图7-53

四、立体裁剪演示

（1）根据款式图造型，完成款式结构标记线正面、侧面、背面的补充（图7-54）。

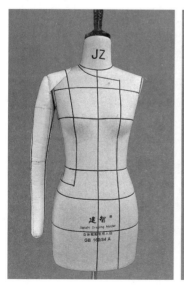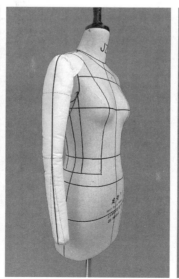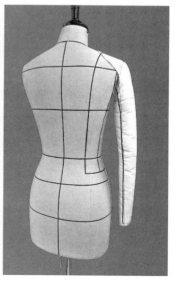

图7-54

（2）将前片裁片的前中线、胸围线、腰围线、臀围线对准人台的前中线、胸围线、腰围线、臀围线，并用交叉针法在前领窝、BP点、前腰节处固定（图7-55）。

（3）从前领窝至侧颈点，横平竖直推顺前领窝弧线。同时，前裁片从中腰围破缝处沿公主线顺着体表至肩线推平，并修剪缝份（图7-56）。

（4）完成对前门襟、领窝以及公主线破缝线的点影、描线，并将其折光边扣压平顺（图7-57）。

图7-55　　　　　　　　图7-56

图7-57

（5）根据款式造型，在中腰围公主线分割线处、距离侧缝1/2处分别做两对"工"字褶，在侧缝处做倒向侧缝的褶，控制褶量以及褶皱方向，确保衣摆造型美观，修剪缝份，完成前片粗裁（图7-58）。

图7-58

（6）将后片裁片的后中线、胸围线、腰围线、臀围线对准人台的后中线、胸围线、腰围线、臀围线，并用交叉针法在后领窝、背宽、后腰节处固定（图7-59）。

（7）从后领窝至侧颈点，横平竖直推顺后领窝弧线。同时，后裁片从中腰围破缝处沿公主线顺着体表到肩线推平，并修剪缝份（图7-60）。

图7-59　　　　　　　　　　图7-60

（8）完成后中线、后领窝以及公主线破缝线的点影、描线，并将其折光边扣压平顺（图7-61）。

图7-61

（9）根据款式造型，在后片中腰围公主线分割线处、离侧缝1/2处分别做两对"工"字褶，在侧缝做倒向侧缝的褶，与前片形成对褶，控制褶量以及褶皱方向，使衣摆造型美观，修剪缝份，完成后片粗裁（图7-62）。

图7-62

（10）整理前、后褶皱造型，将后片与前片在侧缝处叠别，标记出破缝线位置，并修剪缝份（图7-63）。

图7-63

（11）将前侧片的胸围线、腰围线对准人台的胸围线、腰围线，沿着体表，顺着直纱方向从肩缝向中腰围推顺。抬高手臂，调整连身袖的手臂上抬角度与袖子的前势角度，确定胸宽盖势，固定前侧连身袖裁片（图7-64）。

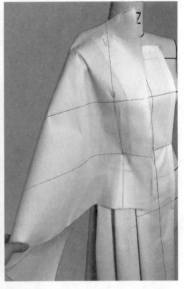

图7-64

（12）修剪前侧片与连身袖缝份，对裁片进行点影、描线，分别画出公主线、连身袖中缝以及内侧缝，并在公主线处将前片与前侧片进行叠别固定（图7-65）。

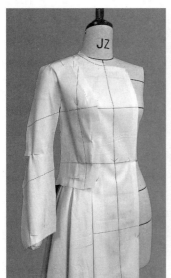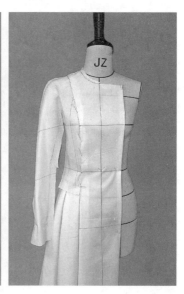

图7-65

（13）将后侧片的胸围线、腰围线对准人台的胸围线、腰围线，沿着体表，顺着直纱方向从肩缝至中腰围推顺。抬高手臂，调整连身袖手臂的上抬角度与袖子的前势角度，确定背宽盖势，固定后侧连身袖裁片（图7-66）。

图7-66

（14）修剪后侧片与连身袖缝份，完成裁片的点影、描线，分别画出公主线、连身袖中缝以及内侧缝，并在公主线处将后片与后侧片进行叠别固定（图7-67）。

（15）调整前、后连身袖造型，保证手臂前、后上抬角度一致，同时满足袖子的前势与弯势，并将前、后袖中缝叠别固定（图7-68）。

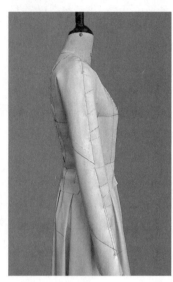

图7-67　　　　　　　　　　　　　　　图7-68

（16）将侧片的胸围线、腰围线对准人台的胸围线、腰围线，沿着侧缝线，顺着裁片直纱方向，从胸围线至中腰线推平，在胸围、腰围预留衣身松量，并修剪前、后侧缝缝份（图7-69）。

图7-69

（17）对侧片裁片进行点影、描线，在平面上画出袖窿底线、前后侧缝线，并分别将前侧片、后侧片与侧片裁片叠别固定（图7-70）。

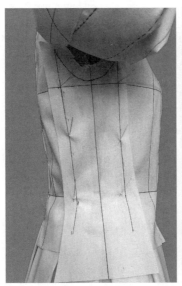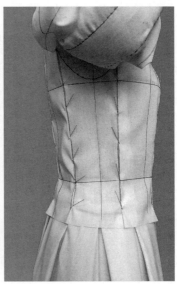

图7-70

（18）将袖子内侧裁片的袖肥线与衣身的胸围线对齐，调整内侧裁片的前势角度，确保与袖子前甩的角度一致（图7-71）。

（19）抬高手臂，将袖子内侧裁片分别与前、后连身袖内侧缝叠别，控制袖肥与袖口松量，袖肥为33cm，袖口为25cm（图7-72）。

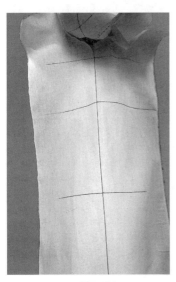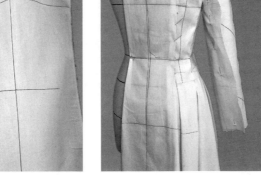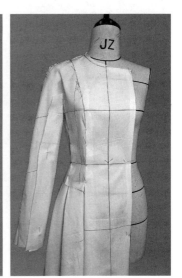

图7-71 图7-72

（20）对袖子内侧缝进行点影、描线，并在平面上画出袖子内侧裁片的结构线，同时将袖子回样、整理（图7-73）。

（21）裁出一片倒梯形伞状裁片，根据款式袖口造型，完成袖口装饰（图7-74）。

图7-73　　　　　　　　　　　　　　　　图7-74

（22）标记出装饰袋盖的位置，裁出袋盖裁片，根据款式造型，做出宽度为9cm的袋盖，保证服装整体为X造型（图7-75）。

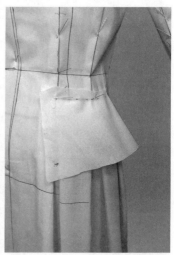

图7-75

（23）根据立裁的袋盖，在平面上整理，画出其结构纸样，并将袋盖折光边回样（图7-76）。

（24）将领子的后中线对着人台后中线，沿领窝弧线将翻领领底线对准衣身领窝线（图7-77）。

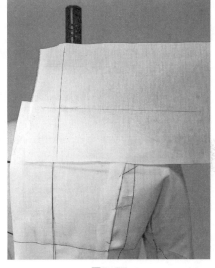

图7-76　　　　　　　　　　　　　　　　图7-77

（25）沿着领窝弧线，将领样绕往侧颈，剪开下口毛边，同时兼顾调节领样上口空隙，将领样下口与领口圆顺接合到装领止点线，整体翻领造型在后中服帖，侧颈点上口与脖子之间有1.5cm的空间，立起翻领，调整翻领领底弧线，修剪缝份，完成领子点影、描线以及结构线绘制。最后将完成的翻立领进行回样、整理（图7-78）。

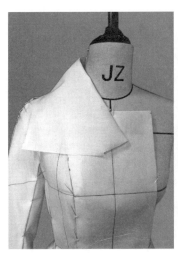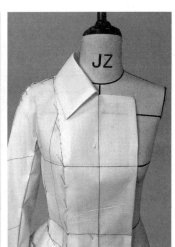

图7-78

（26）完成连身袖大衣款式半身立裁（图7-79）。

图7-79

五、迪奥连身袖大衣立裁裁片拾取

通过CAD数字化读图仪，完成迪奥连身袖大衣款式立体裁剪裁片纸样拾取（图7-80）。

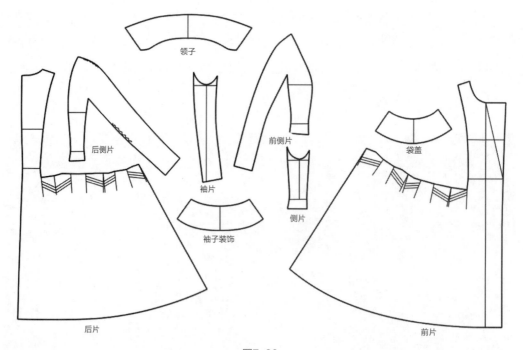

图7-80

第八章
连衣裙立体裁剪

第一节　连衣裙概述

　　连衣裙，又称连衫裙、袍衫裙，是指上衣和下裙相连的服装。在中世纪以前，西方大多数裙子属于连衣裙，到了16世纪以后，上衣和裙子逐渐分离开。第一次世界大战之后，女性着装的主流仍然是连衣裙，连衣裙的种类也就变得多种多样。中国古代的深衣，其上衣与下裳（裙）相连，也可以看作一种连衣裙。

　　连衣裙的款式造型主要靠下装裙子的长短及摆围变化而产生各种不同样式特点。领子有立领、翻领、西服领，以及无领式的圆、方等各式领型和领口形式。袖子则有各种长袖、短袖和无袖等自由变化组合的袖型。

　　连衣裙的结构主要为断腰节和连腰节两大类。按腰节断开缝合线的高低，又可分为高腰型、标准型和低腰型三种类型。裙身外型结构有直身式、宽松式和适体紧身式，包括有纵向、斜向、横向曲面结构的各种构成形式。

第二节　不对称连衣裙立裁

此节款式为校企合作企业春夏产品订货会发布作品。款式为X廓型，腰线断开连衣裙。前衣身暗门襟五粒扣，腰节处做不对称褶结构，左衣片褶在前中处结束，右衣片褶至左腰1/2处结束，并与前裙片褶位对应。后衣片后中分割，后腰节拼接腰带，并将胸腰差量在腰节处缩碎褶，对应的后裙片的腰臀差量在腰节处缩碎褶。分体立翻领结构，圆装袖，袖口育克、开衩（图8-1）。

图8-1

一、款式图及规格尺寸

表8-1为不对称连衣裙规格尺寸表。

表8-1　不对称连衣裙规格尺寸表　　　　单位：cm

名称	后中长	胸围	腰围	袖长	袖肥	袖口围	肩宽	底领	翻领	腰节	袖克夫
尺寸	112	96	76	60	32	24	39	3	4	39	6

二、学习重点

（1）翻立领结构设计与领子造型关系。

（2）不对称褶皱设计与服装造型设计关系。

（3）褶皱体量与服装造型设计。

（4）袖子前势的结构设计。

三、坯布准备

该款式需14片裁片，前中线、后中线、袖中线利用坯布的纵向布纹，胸围线、腰围线、臀围线、袖肥线利用坯布的横向布纹，并标注布纹直纱方向，裁片尺寸如图8-2所示。

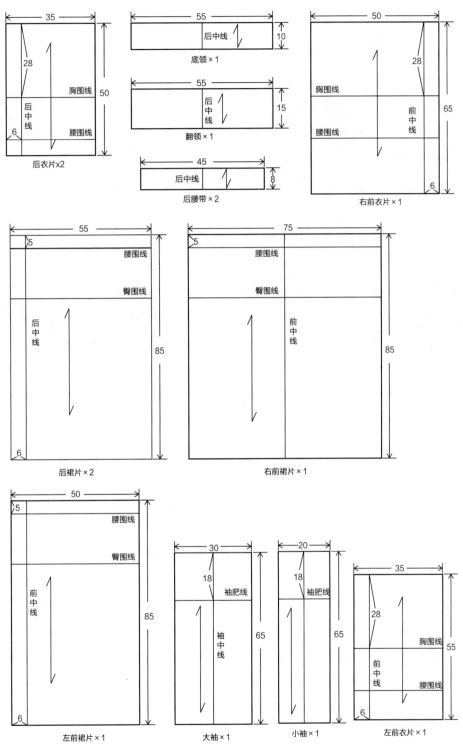

图8-2

四、立体裁剪演示

（1）根据款式图造型，完成款式结构线正面、侧面、背面的补充（图8-3）。

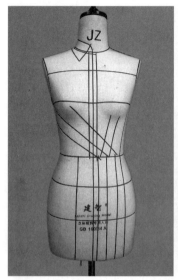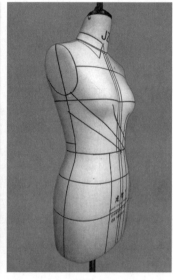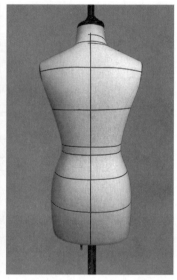

图8-3

（2）将左前片的前中线、胸围线、腰围线对准人台的前中线、胸围线、腰围线，确保面料横平竖直，不紧绷，无斜绺（图8-4）。

（3）沿左前中线保持横平竖直，从领窝至侧颈点将裁片推平，顺着肩线至袖窿底，将胸省转移至腰部。同时，根据款式造型特点，将腰省分为三个并褶，叠别固定并修剪缝份（图8-5）。

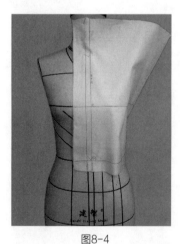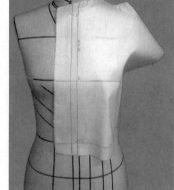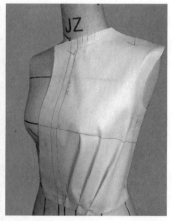

图8-4　　　　　　　　　　　　　　　图8-5

（4）整理左前裁片，确保裁片包裹人台松紧适中，并将领窝线、肩线、袖窿线以及腰围线进行点影、描线，修剪缝份（图8-6）。

（5）将右前片裁片的前中线、胸围线、腰围线对准人台的前中线、胸围线、腰围线，并用交叉针固定。同时，沿右前中横平竖直，从领窝至侧颈点将裁片推平，顺着肩线至袖窿底将胸省转移至腰部固定（图8-7）。

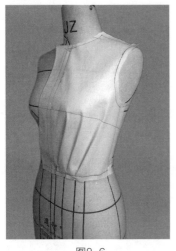
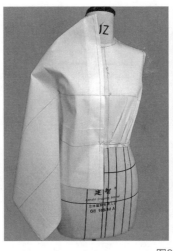

图8-6   图8-7

（6）根据款式效果图，在右片裁片的腰部分别捏别三个并褶（第一个褶起点在BP点附近，第二个褶起点在袖窿处，第三个褶起点在侧缝处）（图8-8）。

（7）整理右前裁片，确保裁片包裹人台松紧适中，并将领窝线、肩线、袖窿线以及腰围线进行点影、描线，修剪缝份，完成左、右前衣片粗裁（图8-9）。

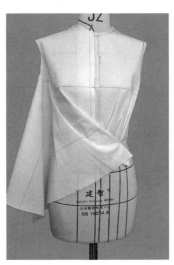

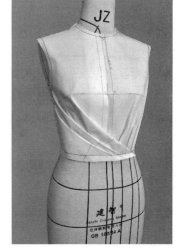

图8-8   图8-9

（8）将后片裁片的后中线、胸围线、腰围线对准人台的后中心线、胸围线、腰围线，并用交叉针法固定裁片（图8-10）。

（9）沿后中线保持横平竖直，从领窝至侧颈点将裁片推平，顺着肩线至袖窿底将肩省转移至腰部固定。同时，将腰节省量捏别为小碎褶，固定（图8-11）。

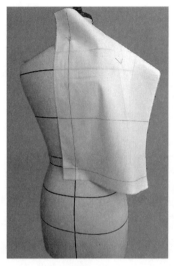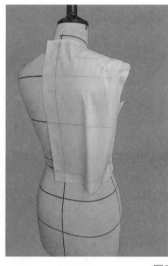

图8-10　　　　　　　　　　　　　　　　图8-11

（10）整理后片裁片，确保裁片包裹人台松紧适中，并将后领窝线、肩线、袖窿线以及腰围线进行点影、描线，修剪缝份（图8-12）。

（11）参照右后片的立裁方法，完成左后片立裁。在腰节线向上3cm标记出后腰带位置，同时画出后腰带裁片，并固定于后腰节上（图8-13）。

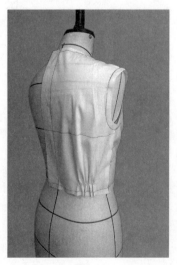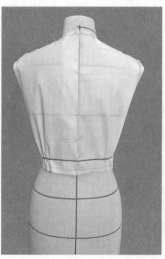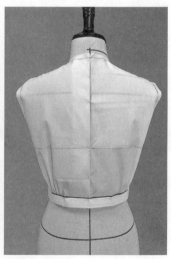

图8-12　　　　　　　　　　　　　　　　图8-13

（12）将左前裙片裁片的前中线、腰围线、臀围线对准人台的前中线、腰围线、臀围线等基准线，在前中处预留5cm的搭门量，用交叉针法固定（图8-14）。

（13）将裙片腰省转移至下摆，推平腰线及侧缝线，控制臀围松量，确保裙摆不起波浪，整体造型呈小A型（图8-15）。

图8-14　　　　　　　　　　　　　　　图8-15

（14）完成左前裙片腰线、侧缝线的点影、描线，并将腰线折光边与左前衣身腰节叠别（图8-16）。

（15）将右前裙片裁片的前中线、腰围线、臀围线，对准人台的前中线、腰围线、臀围线。同时，将腰省转移至下摆，推平腰线及侧缝线，控制臀围松量，确保裙摆不起波浪，整体造型呈小A型，用交叉针法固定（图8-17）。

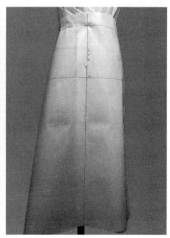

图8-16　　　　　　　　　　　　　　　图8-17

（16）在前中往左前片分别折叠三个褶裥，褶量大小控制在5cm，修剪腰部、侧缝缝份，同时对腰线、侧缝线进行点影、描线，并将腰线折光边，与衣身腰节叠别，完成前片裙子粗裁（图8-18）。

（17）将后裙片裁片的后中线、腰围线、臀围线分别对准人台的后中线、腰围线、臀围线（图8-19）。

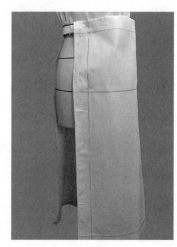

图8-18　　　　　　　　　　　　　　　图8-19

（18）将部分后腰省转移至下摆，确保裙摆不起波浪，整体造型呈小A型。同时，在臀围线上平移8cm的松量作为腰部抽褶量，用交叉针固定（图8-20）。

（19）将裙子腰部松量抽碎褶固定，并将腰线、侧缝线进行点影、描线（图8-21）。

图8-20　　　　　　　　　　　　　　图8-21

（20）整理右后裙片，将腰线、侧缝线折光边，分别与右后衣片，右前裙片叠别固定（图8-22）。

（21）参照右后裙片立裁，完成左后裙片的立裁。从后腰节往下70cm，确定后裙长，并以此为水平线，将前后裙摆折光边，完成裙身立裁（图8-23）。

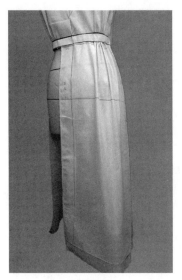

图8-22　　　　　　　　　　　　　　　图8-23

（22）裁出宽10cm，长30cm的领座裁片，画出3cm宽的底领。并将领子后中线对准衣身后中线，底领领底线对准衣身领窝线（图8-24）。

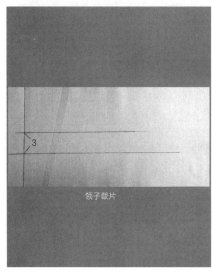
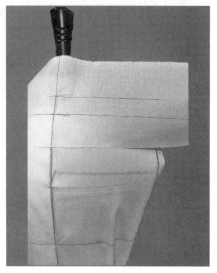

领子裁片

图8-24

（23）沿着领窝弧线，将领样绕往侧颈，剪开下口毛边，同时兼顾调节领样上口空隙，将领样下口与领口圆顺接合到装领止点，整体底领造型在后中贴脖，侧颈点上口与脖子之间有1cm的空间，前中底领上口贴脖平服（图8-25）。

（24）对底领造型进行点影、描线，并在平面上画出底领结构线（图8-26）。

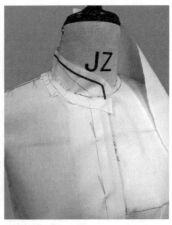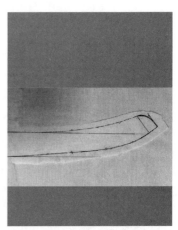

图8-25　　　　　　　　　　　　　　　　　　图8-26

（25）将底领裁片进行回样、整理，完成底领立裁（图8-27）。

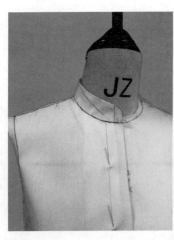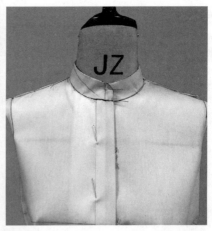

图8-27

（26）在坯布上画出4.5cm的翻领高，并将翻领后中线对准底领的后中线，翻领领底线与底领上口捏别（图8-28）。

领面宽

4.5

图8-28

（27）翻领外翻，一边将翻领领底线与底领上口净线抓合，一边摆顺翻领，直至前中装领点，并修剪翻领外领口弧线造型（图8-29）。

（28）调整、确认造型，上部翻领与底领在接缝上保持松度一致，翻折线在破缝上0.5cm，并且服帖，翻领宽度盖得住领底线，造型美观、符合要求（图8-30）。

（29）平面调整、修顺翻领的结构线，回样、整理，完成衬衫领立裁（图8-31）。

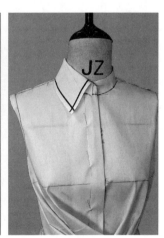

图8-29　　　　　　　　　　　　　　图8-30

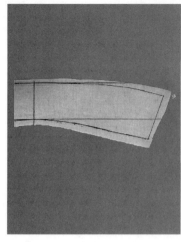

图8-31

（30）根据裙身的立裁，得到前、后袖窿弧线长，完成袖长为58cm，袖肥32cm，袖克夫为6.5cm，袖口为23cm，褶量为4cm的袖子纸样（图8-32）。

（31）将袖子纸样用坯布裁出，并在离袖山弧线0.3cm处，手针缩缝，形成袖山自然、饱满的袖筒（图8-33）。袖子制图方法可参考正文P049合体一片袖配袖。

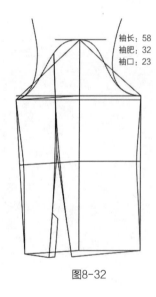

袖长：58
袖肥：32
袖口：23

图8-32

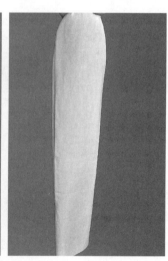

图8-33

（32）将完成的袖子，分别在袖山底缝与侧缝、袖山高点与袖肩缝抓合固定，用藏针法缝装，保证袖山圆顺，吃势均匀，袖子微微前甩，并装上袖克夫，完成袖子立裁（图8-34）。

（33）完成不对称连衣裙款式整体立裁（图8-35）。

图8-34　　　　　　　　　　　　　　　　图8-35

五、裁片纸样拾取图

通过CAD数字化读图仪，完成不对称连衣裙款式立体裁剪裁片纸样拾取（图8-36）。

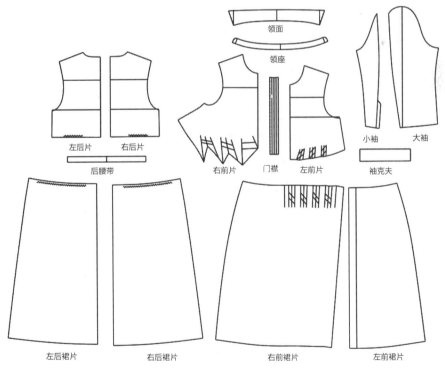

图8-36

第三节　围巾领连衣裙立裁

本节款式为全国职业技能大赛题库款式，腰部合体，X造型连衣裙。围巾翻领，领皱褶起于前端，到侧颈消失，胸皱褶通向领口，翻到领座内侧固定。上半身，前片宽搭门，部分胸省转移至领口做成不对称的褶，构成围巾翻领的下部，偏门襟开口至腰线下15cm，门襟内装拉链。后片有腰背省。下半身"A"型褶裥裙，前后腰线各有两个"工"字褶裥对折至底摆，腰线前中有一省道，前中无缝。连身插肩袖，袖口内贴边（图8-37）。

图8-37

一、款式规格尺寸

表8-2为围巾领连衣裙规格尺寸表。

表8-2　围巾领连衣裙规格尺寸表　　　　单位：cm

名称	后中长	胸围	腰围	肩宽	腰节	袖长	袖口围	领高
尺寸	110	91	68	39	38	12	33	5

二、学习重点

（1）围巾领结构设计与造型立裁。

（2）胸宽、背宽盖势与连身袖活动性关系。

（3）省道转移与前中领窝褶皱造型设计。

（4）X廓型中，胸围、腰围、摆围之间的关系。

三、坯布准备

该款式需10片裁片，前中线、后中线、袖中线利用坯布的纵向布纹线，胸围线、腰围线、臀围线、袖肥线利用坯布的横向布纹线，并标注布纹直纱方向，裁片尺寸如图8-38所示。

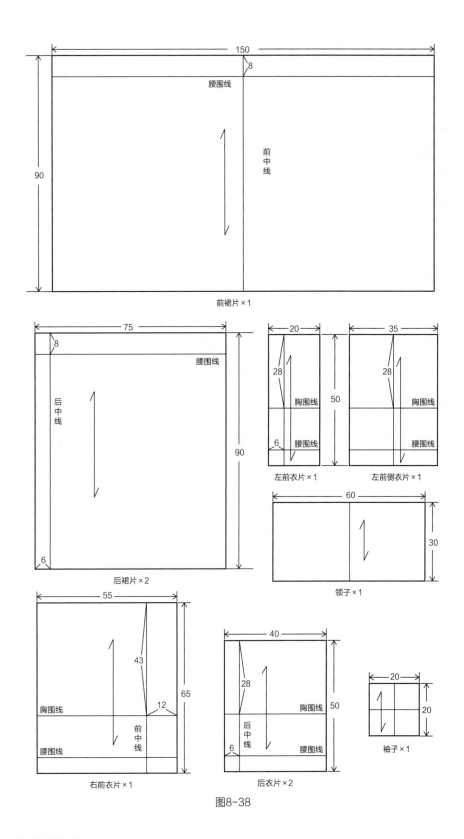

图8-38

四、立体裁剪演示

（1）根据款式图造型，完成款式结构标记线正面、侧面、背面的补充（图8-39）。

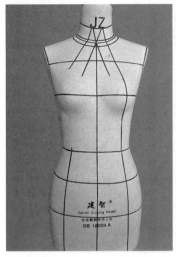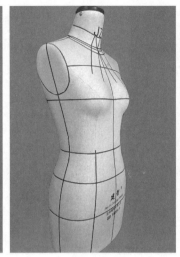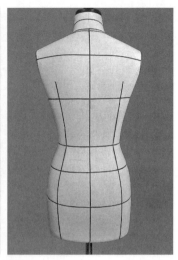

图8-39

（2）将左上身前领口裁片的前中线、胸围线、腰围线对准人台的前中线、胸围线、腰围线。同时，根据款式分割线修剪领口分割线缝份，并用交叉针固定（图8-40）。

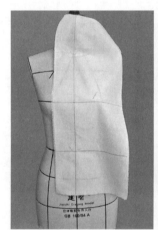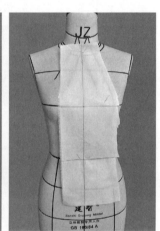

图8-40

（3）根据款式标记线分割，修剪裁片缝份，沿着分割线对裁片进行点影、描线，完成左上身前领口裁片立裁（图8-41）。

（4）将左上身连袖裁片的胸围线、腰围线对准人台的胸围线、腰围线。沿胸围线从BP点往侧缝推顺，在胸围预留0.8cm的松量，交叉针固定。同时，从腋下往腰线将裁片推平顺，腰省收于腰下

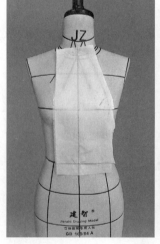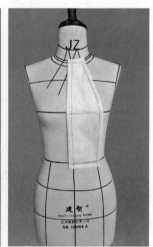

图8-41

分割线。腋下往上，将胸省转移至领口分割线，并在胸宽处预留一定的盖势，满足手臂上抬所需的量。修剪裁片领口分割线、领窝线、肩线、袖窿、侧缝线以及腰线缝份，将连袖剪口剪至胸宽转折点处（图8-42）。

（5）整理左上身连袖裁片，与领口裁片叠别固定，修顺领口线、肩线、侧缝线以及腰线，完成左前衣身立裁（图8-43）。

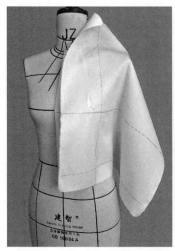
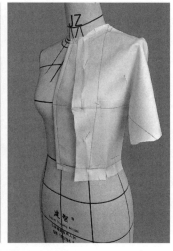
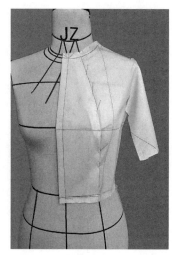

图8-42　　　　　　　　　　　　　　　　图8-43

（6）将右前衣身裁片的前中线、胸围线、腰围线对准人台的前中线、胸围线、腰围线。同时，将腰省、胸省转移至领口，形成领口省（图8-44）。

（7）抬高手臂，在胸宽处预留手臂抬高所需的盖势量，修剪腰线、侧缝线以及连身袖内侧缝线，将剪口剪至胸宽转折点处（图8-45）。

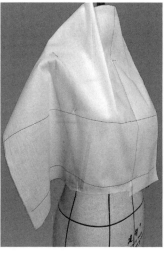
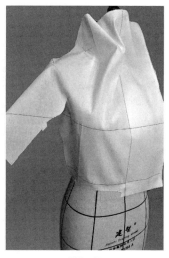

图8-44　　　　　　　　　　　　　　　　图8-45

（8）将前中线右边领口省折成"工"字褶，前中线左边胸省转移为领口省，并与右边"工"字褶形成交叉褶造型。从肩点到侧颈点至前领窝，将裁片推净前领口预留翻到领座内侧的量，并修剪缝份（图8-46）。

（9）对裁片进行点影、描线，修顺腰线、侧缝线、袖中线以及领围线，整理衣身裁片，将门襟折光边扣压，完成前衣身立裁（图8-47）。

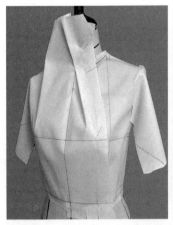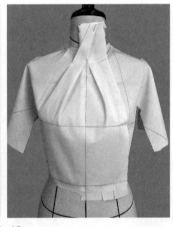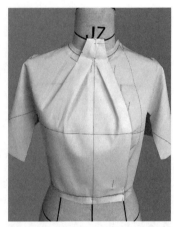

图8-46   图8-47

（10）将后片裁片的后中线、胸围线、腰围线对准人台的后中线、胸围线、腰围线（图8-48）。

（11）从后中横平竖直推顺后领围线至侧颈点，将部分肩省量作为后肩线容量，余下部分转至袖窿，后中线腰节处收1cm腰省，余下的腰省在1/2腰围处收净。同时，抬高手臂，在背宽处预留手臂抬高所需的盖势量，修剪侧缝线以及连身袖内侧缝线，将剪口剪至背宽转折点处（图8-49）。

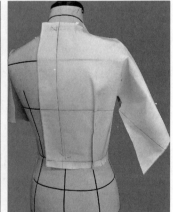

图8-48   图8-49

（12）将后衣片与前衣片侧缝叠别，修顺前、后腋下袖窿弧线，整理连袖造型，将前、后袖中线叠别固定（图8-50）。

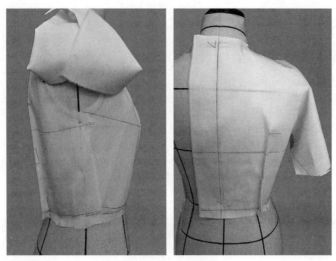

图8-50

（13）对右后衣身裁片进行点影、描线，修顺后中线、领围线、袖窿线、侧缝线以及腰围线，修剪缝份。同时，完成左后衣身裁片，并将后中叠别固定（图8-51）。

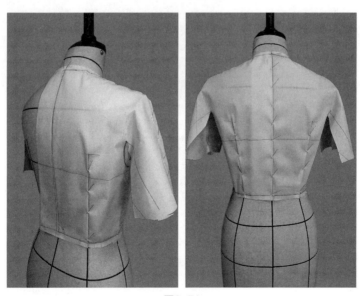

图8-51

（14）将袖子插片的袖肥线与袖窿底线对齐，分别沿前、后袖窿底线固定袖子插片。将袖山底线提拉，挖深袖山底线，使袖底形成兜量，袖子自然上抬（图8-52）。

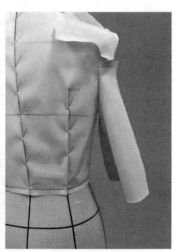

图8-52

（15）分别将袖子插片与
前、后连袖内侧缝叠别固定，并
修剪缝份，确定袖长及袖口尺寸
（袖长为12cm、袖口为33cm）
（图8-53）。

图8-53

（16）整理袖子插片，使袖
子上抬角度为45°左右，将袖子
插片与衣身袖窿以及前、后连袖
叠别固定，同时完成左袖插片立
裁（图8-54）。

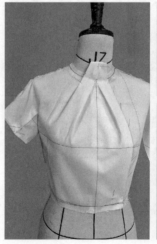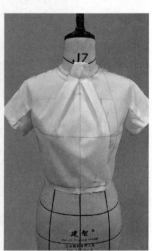

图8-54

（17）画出宽20cm，长30cm
的围巾翻领裁片，将领子后中线
与衣身后中线对齐（图8-55）。

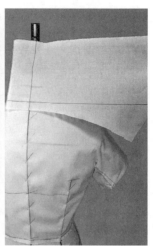

图8-55

（18）将围巾翻领沿5cm领
座翻折，调整领座与领面松紧
度，前中领褶皱起于前中搭门，
到侧颈消失，使其符合设计造
型。之后将翻领立起，调整领窝
弧线与翻领下口的关系，保证翻
领转折均匀，并进行点影、描线
（图8-56）。

图8-56

（19）重新整理翻领，调整
领面外口松量，使松量均匀，平
整无牵扯，外领口线与衣身接触
面服帖（图8-57）。

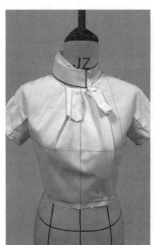

图8-57

（20）把翻领的结构线在平
面中做对称复制，并将其回样、
整理，完成整个上身衣身立裁
（图8-58）。

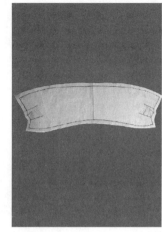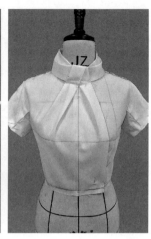

图8-58

（21）将前裙片的前中线、腰围线、臀围线对准人台的前中线、腰围线、臀围线，确保裁片横平竖直（图8-59）。

（22）修剪腰部缝份，在前中收2cm的省道，省长12cm。同时，分别在两侧压"工"字褶，褶裥对褶至衣摆，上边沿的褶量12cm，衣摆褶量24cm。其中，左裙身对褶的褶位刚好与右衣身门襟对位，形成装拉链开口。右裙身褶与左裙身褶对称，整体裙型呈X造型（图8-60）。

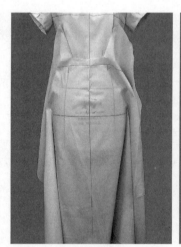

图8-59　　　　　　　　　　　　　　图8-60

（23）将后裙片的后中线、腰围线、臀围线对准人台的后中线、腰围线、臀围线，确保裁片横平竖直（图8-61）。

（24）修剪腰部缝份，在后衣身腰省处压"工"字褶，褶裥对折至衣摆，上边沿的褶量12cm，衣摆褶量24cm，并将前后侧缝叠别固定（图8-62）。

图8-61　　　　　　　　　　　　　　　图8-62

（25）完成整个后裙片粗裁，从后腰节垂直向下70cm，确定裙摆长度。同时，将前、后裙摆长度修剪水平，并从偏门襟开口至腰线下15cm，确定拉链位置，做好标记，整理缝份（图8-63）。

图8-63

（26）完成围巾领连衣裙款式整体立裁（图8-64）。

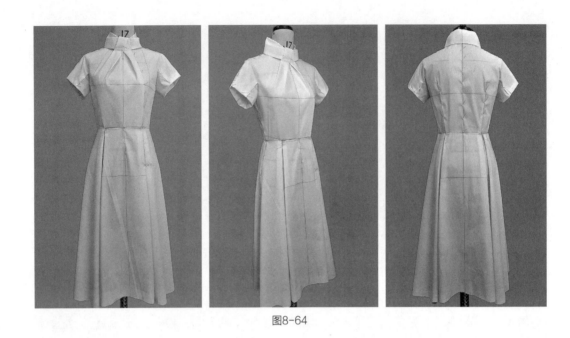

图8-64

五、裁片纸样拾取

通过CAD数字化读图仪，完成围巾领连衣裙款式立体裁剪裁片纸样拾取（图8-65）。

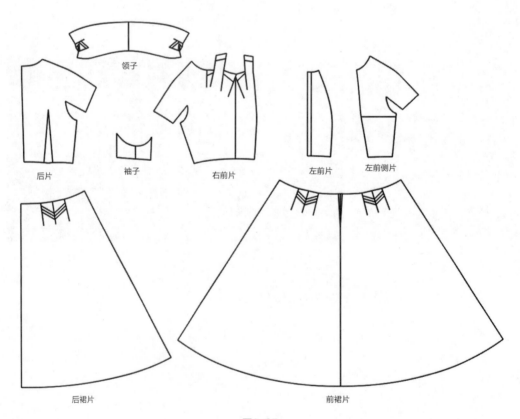

图8-65

第四节　郁金香袖连衣裙立裁

本节款式为腰线断开的无领连衣裙，前衣身从前中线至左侧缝做斜向破缝，并在左右裁片分别压褶裥，形成一对蝴蝶结造型。后衣身收腰省，后中开拉链至臀围处。裙子采用一片式结构，前、后分别作对褶，使裙身呈茧型。袖子采用郁金香结构设计（图8-66）。

图8-66

一、款式规格尺寸

表8-3为郁金香袖连衣裙规格尺寸表。

表8-3　郁金香袖连衣裙规格尺寸表　　　　　　单位：cm

名称	后中长	胸围	腰围	腰节	肩宽	袖长
尺寸	110	91	68	39	36	17.5

二、学习重点

（1）郁金香袖子的立裁与制作。

（2）服装省道转移与胸口褶皱处理。

（3）裙摆平衡立裁技术处理。

三、坯布准备

款式共需要7片裁片，沿布纹方向分别画出袖中线、后中线、前中线、腰围线、臀围线等基准线，并标注直纱布纹方向、裁片尺寸，如图8-67所示。

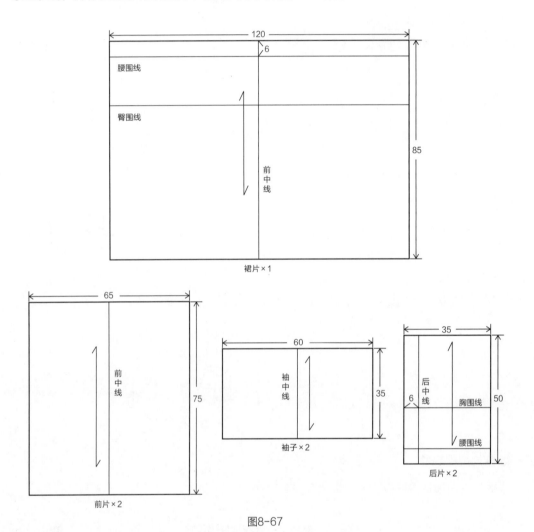

图8-67

四、立体裁剪演示

（1）根据款式图造型，完成款式结构标记线正面、侧面、背面的补充（图8-68）。

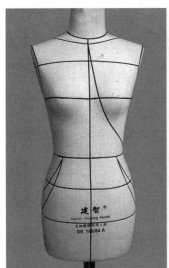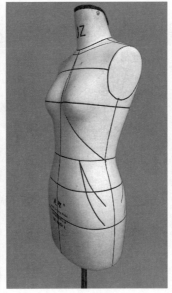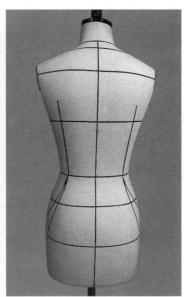

图8-68

（2）将右前片裁片的前中线、胸围线、腰围线对准人台的前中线、胸围线、腰围线，保证裁片平服，不紧绷，用交叉针固定（图8-69）。

（3）沿前身分割线，从侧缝剪开至前领窝下4.5cm固定。修剪破缝线缝份，将左边腰部裁片推干净，对分割线进行点影、描线，并将缝份折光边扣压（图8-70）。

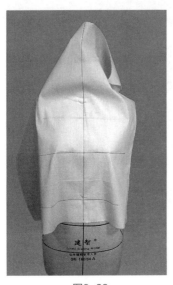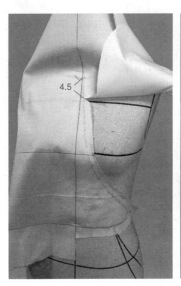

图8-69　　　　　　　　　　　　图8-70

（4）推顺右侧腰线、侧缝线、袖窿线、肩线以及领窝线，将腰省、胸省转移至裁片领窝下4.5cm处。同时，在胸围预留1.5cm松量，修剪缝份（图8-71）。

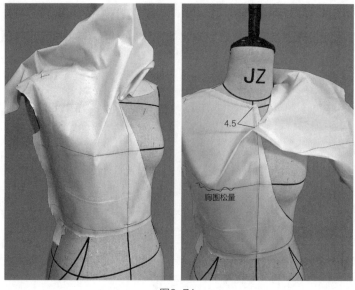

图8-71

（5）整理右衣身裁片，并完成腰线、侧缝线、袖窿线、肩线以及领窝线的点影、描线。同时，将领窝线折光边扣压（图8-72）。

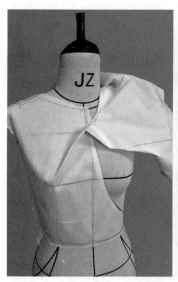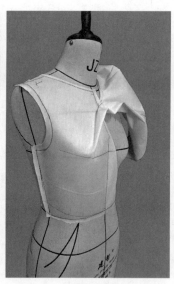

图8-72

（6）将右前片的前中省及余量抽褶，整理成蝴蝶结造型。同时，将外口折光边，在前中固定，完成右前衣片裁片粗裁（图8-73）。

（7）将左前片裁片的前中线、胸围线、腰围线对准人台的前中线、胸围线、腰围线，保证裁片平服、不紧绷（图8-74）。

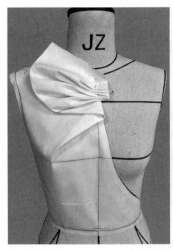
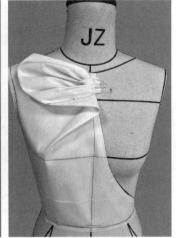

图8-73

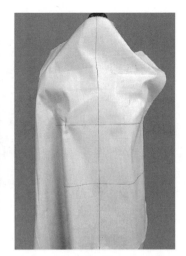

图8-74

（8）将裁片在左侧腰部用交叉针法固定，沿着分割线自下而上提拉，在分割线处形成指向侧缝的褶量，在前中处固定（图8-75）。

图8-75

（9）沿分割线修剪左裁片缝份，打剪口，并将侧缝、袖窿、肩线以及领窝线推平顺，修剪缝份至领窝下4.5cm，用交叉针法固定（图8-76）。

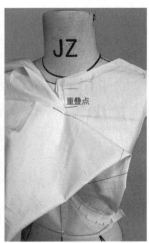

图8-76

（10）沿分割线进行点影、描线，画出裁片分割结构线，并与右裁片叠别，斜插针法固定（图8-77）。

图8-77

（11）将左前片指向侧缝的褶量抽褶，整理成蝴蝶结造型，在前中处固定。同时，对袖窿、肩线、领口进行点影、描线（图8-78）。

（12）整理左右裁片蝴蝶结造型关系，使比例均衡、造型美观。同时，用布条将前中毛边包裹，领口折光边，完成前片衣身立裁（图8-79）。

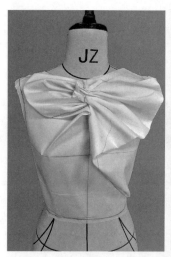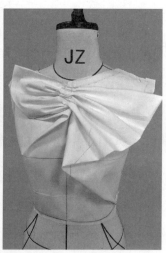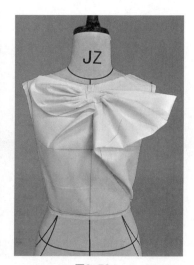

图8-78　　　　　　　　　　　　　　图8-79

（13）将右后片裁片的后中线、胸围线、腰围线对准人台的后中线、胸围线、腰围线，确保裁片平服、不紧绷（图8-80）。

（14）从后中横平竖直推顺后领围线至侧颈点，将部分肩省量作为后肩线容量，余下部分转至袖窿，后中线腰节处收1cm腰省，余下的腰省在1/2腰围处收净（图8-81）。

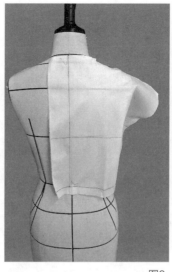

图8-80　　　　　　　　　　　　　图8-81

（15）对右后衣身裁片进行点影、描线，修顺后中线、领围线、袖窿线、侧缝线以及腰围线，修剪缝份。同时，将后腰省叠别固定，后领窝线折光边扣压，使衣身胸围松量适中，袖窿一周圈松量分配均衡，不紧绷（图8-82）。

（16）根据右后片裁片的立裁方法，完成左后片裁片立裁，并在后中将两片裁片叠别，完成上衣身立裁（图8-83）。

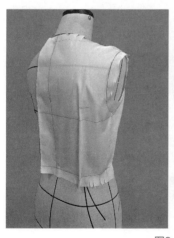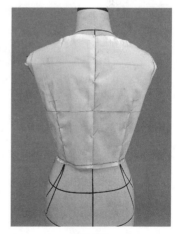

图8-82　　　　　　　　　　　　　图8-83

（17）将裙片裁片的前中线、腰围线、臀围线对准人台的前中线、腰围线、臀围线（图8-84）。

（18）从后中处提拉裁片，确保裙摆内收。同时，臀围加放6~8cm的松量，用交叉针法固定裁片（图8-85）。

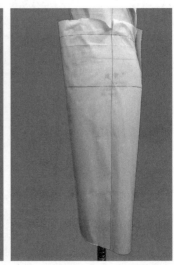

图8-84　　　　　　　　　　　　　　　　　　　图8-85

（19）沿着侧缝线，从臀围向腰围推平，将臀腰差量一分为二，用交叉针法固定（图8-86）。

（20）从侧腰处沿腰节线分别向前、后中线将腰线推净，在1/2腰围处将臀腰差量分别压两组对称褶，使靠近侧缝的褶形成环绕褶造型（图8-87）。

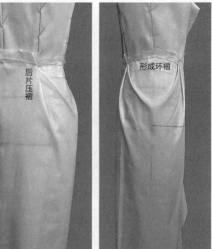

图8-86　　　　　　　　　　　　　　　　图8-87

（21）完成右裙片的点影、描线。同时，完成腰围线、褶位线、后中线以及后中开衩
结构线制图（图8-88）。

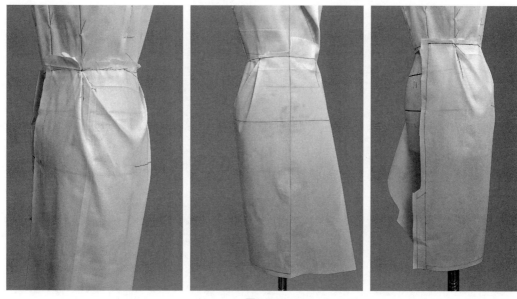

图8-88

（22）根据右片裙子的立裁手法，完成整个裙身的立裁，并量出裙长为70cm，将裙摆
折光边固定（图8-89）。

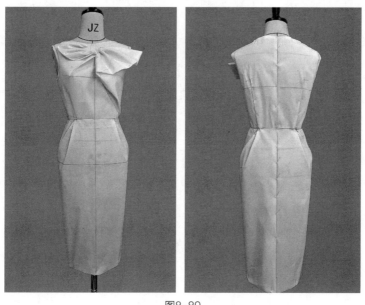

图8-89

（23）量出总肩宽为36cm，重新修顺袖窿弧线，并画出郁金香袖子裁片（图8-90）。

（24）将袖山底点对着袖窿底点，提拉前、后袖山底线，使袖子腋下起翘，形成兜量，并分别沿着前、后袖窿线将袖山底线与袖窿底线抓合固定（图8-91）。

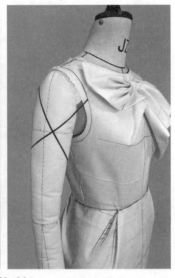
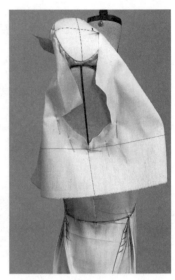

图8-90　　　　　　　　　　　　　　　　　图8-91

（25）沿着袖窿弧线分别与前、后袖山线固定。其中，前袖山止口位从肩点往后袖窿下7cm；后袖山线在肩部做三个暗"工"字褶，止口位从肩点往前袖窿下13cm，修剪缝份，用标记线标记出袖子造型，并在平面中整理袖子结构图（图8-92）。

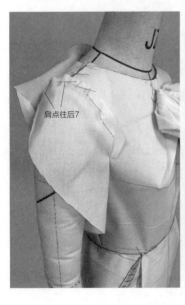
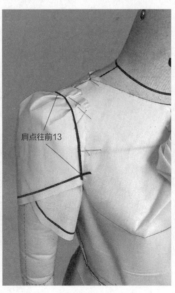
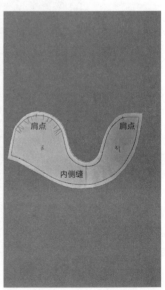

图8-92

（26）将袖子回样，完成郁金香袖子立裁（图8-93）。

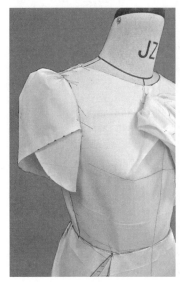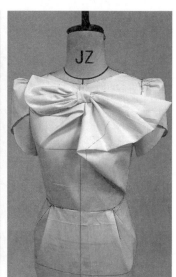

图8-93

（27）完成郁金香袖连衣裙款式整体立裁（图8-94）。

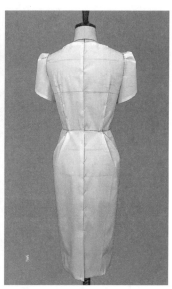

图8-94

五、裁片纸样拾取

通过CAD数字化读图仪，完成郁金香袖连衣裙款式立体裁剪裁片纸样拾取（图8-95）。

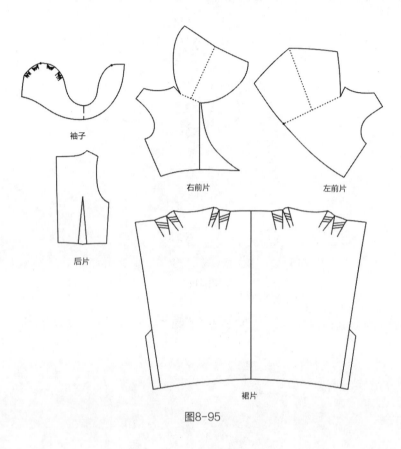

袖子

右前片

左前片

后片

裙片

图8-95

参考文献

[1] Karolyn Kiisel. Draping: The Complete Course [M]. London: Laurence King Publishing，2013.

[2] 杨柳波. 立体裁剪与平面制板的互通 [M]. 上海: 东华大学出版社，2017.

[3] 白琴芳. 成衣立体裁剪教程 [M]. 北京: 中国传媒大学出版社，2011.

[4] 汤瑞昌. 合体2片袖扣势的技术研究与实践 [J]. 北京服装学院学报: 自然科学版，2018（6）: 58-65.